Philip Budd

Como é que os diferentes regimes de corte de relva afectam os insectos no antigo cemitério de Southampton

Philip Budd

Como é que os diferentes regimes de corte de relva afectam os insectos no antigo cemitério de Southampton

ScienciaScripts

Imprint
Any brand names and product names mentioned in this book are subject to trademark, brand or patent protection and are trademarks or registered trademarks of their respective holders. The use of brand names, product names, common names, trade names, product descriptions etc. even without a particular marking in this work is in no way to be construed to mean that such names may be regarded as unrestricted in respect of trademark and brand protection legislation and could thus be used by anyone.

Cover image: www.ingimage.com

This book is a translation from the original published under ISBN 978-3-659-85746-1.

Publisher:
Sciencia Scripts
is a trademark of
Dodo Books Indian Ocean Ltd. and OmniScriptum S.R.L publishing group

120 High Road, East Finchley, London, N2 9ED, United Kingdom
Str. Armeneasca 28/1, office 1, Chisinau MD-2012, Republic of Moldova, Europe
Printed at: see last page
ISBN: 978-620-8-29901-9

Agradecimentos

Gostaria de agradecer às seguintes pessoas:

Buston, Simon (Conselho Municipal de Southampton) - forneceu dados sobre os tempos de corte.

Hand, Lin (Câmara Municipal de Southampton: Hawthorns Urban Wildlife Centre) - forneceu dados sobre os trabalhos da Câmara Municipal de Southampton.

McCulloch, Lindsay (Ecologista de Planeamento do Conselho Municipal de Southampton) - forneceu dados sobre a designação SINC do Antigo Cemitério de Southampton.

Rees, David (Southampton City Council) - forneceu dados sobre a dimensão das parcelas.

Vetterlein, John (voluntário do FoSOC e da Butterfly Conservation (secção de Hampshire)) - forneceu dados sobre as borboletas e actuou em ligação com o pessoal da Câmara Municipal de Southampton.

Gostaria também de agradecer aos meus professores, Dr. A Barker, Sr. M. Edwards e Sra. S. West, bem como à aluna Penny Jeffries do BSc WM, pelo seu apoio e aconselhamento

Conteúdo

CAPÍTULO 1

Introdução

1.1. Introdução geral e hipótese

Esta tese tem por objetivo testar a seguinte hipótese:

HO (Hipótese nula): os regimes de corte sazonais não têm influência na abundância de grupos de insectos selecionados em parcelas de prados no antigo cemitério de Southampton

HI (Hipótese): a abundância de grupos selecionados de insectos em parcelas de prados no antigo cemitério de Southampton varia em função de regimes de corte sazonais específicos

Introdução geral

Em 1989, a Câmara Municipal de Southampton estabeleceu um regime de corte de relva no Cemitério Velho de Southampton, concebido para maximizar a diversidade ecológica existente e, simultaneamente, minimizar os custos financeiros, o tempo e a mão de obra associados à manutenção das pastagens neste local. A Câmara Municipal também pretendia distribuir a carga de trabalho ao longo da estação de crescimento, resultando em parcelas cortadas uma vez por ano em datas variadas de abril a setembro (ver figura 1).

No entanto, não há provas de que os representantes da Câmara Municipal de Southampton, ou qualquer indivíduo ou grupo, tenham alguma vez examinado em pormenor o grau de sucesso deste regime de manutenção em termos ecológicos. Por conseguinte, o objetivo da presente investigação é testar o êxito do regime de corte de relva a longo prazo no valor ecológico de algumas das parcelas do antigo cemitério de Southampton, no que se refere à quantidade de insectos e à composição da flora.

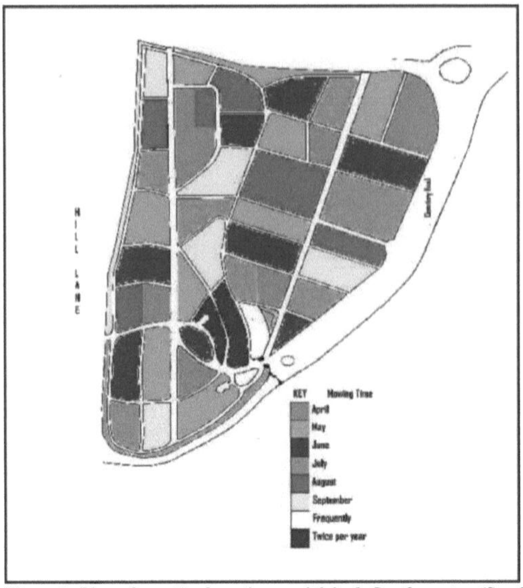

Figura 1: Plano de gestão do antigo cemitério de Southampton (Southampton Council, 2011)

A principal linha de investigação consiste em provar ou refutar a hipótese nula de que não existe uma relação estatística entre a abundância de certos grupos (ordens ou famílias) de insectos e a época do ano (ou seja, o mês) em que uma parcela do cemitério recebe o seu corte anual.

Reconheceu-se também que pode haver uma relação entre a quantidade de insectos nos prados das parcelas selecionadas e vários outros factores, incluindo as condições meteorológicas e a composição da vegetação. Partiu-se do princípio de que a geologia, os solos e os factores microclimáticos são mais ou menos constantes em todo o cemitério. Além disso, foi estabelecido que o método de corte e a calendarização têm sido consistentes em cada parcela desde 1989. Outra constante é o facto de a maioria das parcelas ser muito semelhante em termos de tamanho e forma.

1.2. Antecedentes históricos do antigo cemitério de Southampton

Duas leis do Parlamento, aprovadas em 1843 e depois em 1884, deram o controlo de 27 acres (10,5 hectares) da parte mais a sul de Southampton Common à Corporação para utilização como cemitério. O cemitério foi concebido como um arboreto com 46 parcelas de gestão discreta (ver figura 2). Em 1995, o antigo cemitério de Southampton foi incluído no Registo de Parques e Jardins de Interesse Histórico Especial pelo Património Inglês (Neighbourhood Services, 2010). Uma estimativa recente do número total de enterramentos no antigo cemitério de Southampton é de 116 800. Atualmente, o cemitério continua a ser um cemitério ativo, mas com apenas 6-8 enterramentos por ano (FoSOC, 201 la & 201 lb).

Sempre foi importante evitar que as zonas de pastagem do antigo cemitério se transformassem em mato e, posteriormente, em floresta, através da sucessão natural. Tradicionalmente, as parcelas eram cortadas pelo menos uma vez por ano e à foice (Câmara Municipal de Southampton, 1990a). Não há provas de que o cemitério tenha alguma vez sido pastoreado por animais domésticos, embora no passado os coelhos *Oryctolagus cuniculus* tenham estado presentes no cemitério, mas em 1979 já não existiam em Southampton Common (City of Southampton Society, 1980). O corte anual das parcelas com aparadores de relva continuou a ser efectuado de forma aleatória até 1989 (Câmara Municipal de Southampton, 1990a). No entanto, não era prática normal remover as estacas, o que pode ter resultado numa acumulação localizada de nutrientes. Na sequência da crescente preocupação pública com o estado do antigo cemitério, em 1988 foram elaborados dois relatórios sobre a importância histórica e ecológica do cemitério, um dos quais continha os resultados de uma consulta pública sobre o futuro do cemitério. Estes relatórios levaram a uma reunião do Grupo de Trabalho para a Manutenção do Cemitério Velho em abril de 1989. Em resultado desta reunião, a Câmara Municipal decidiu pedir aos funcionários do então Southampton Common Study Centre (S.C.S.C.A.) que efectuassem um levantamento botânico do antigo cemitério (Câmara Municipal de Southampton, 1990b).

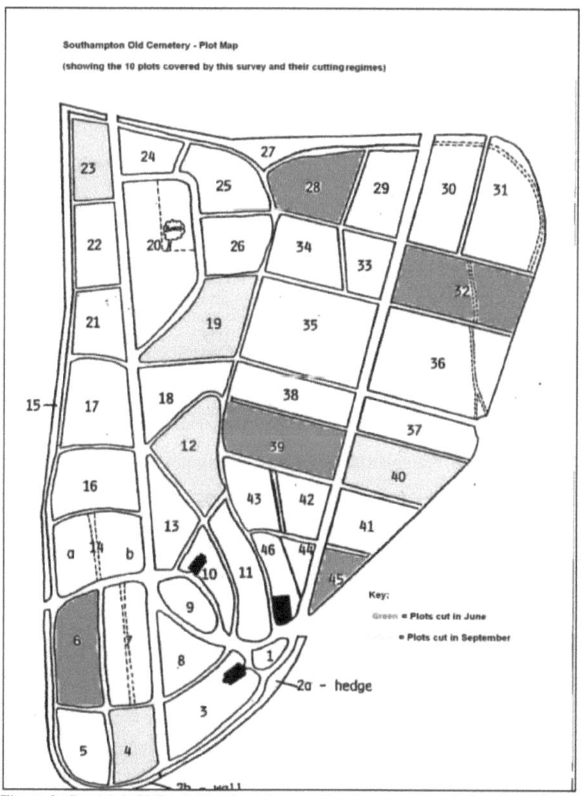

Figura 2: Cemitério Velho de Southampton mostrando as parcelas do inquérito (fornecido por cortesia da F.O.S.O.C)

O levantamento botânico foi realizado por dois ecologistas da S.C.S.C.A. em maio e junho de 1989 e as consultas que se seguiram levaram diretamente à implementação do atual regime de corte em março de 1990.

Foi compilado um resumo do número total de espécies por parcela, bem como uma repartição do número de espécies por categorias DAFOR (Southampton City Council, 1990a), mas a única lista completa de espécies (de plantas vasculares) ainda disponível é a compilada anteriormente por Rihan (1987). Desde então, não foi efectuado qualquer levantamento sistemático de insectos ou de qualquer outro grupo taxonómico, à exceção dos recentes transectos de borboletas efectuados por John Vetterlein (resumidos no quadro 11).

Desde 1990, registaram-se algumas alterações relevantes. Em 2003, foi formado um novo grupo conhecido como FoSOC (Friends of Southampton Old Cemetery). Os seus objectivos declarados eram manter o objetivo original do cemitério como cemitério e tratar o cemitério com o mesmo cuidado que o dispensado ao Southampton Common SSSI (Sítio de Interesse Científico Especial) adjacente (FoSOC, 201 lb). Desde 2003, esta organização tem conseguido inverter a tendência para a invasão da vegetação e a sucessão natural que ameaçava os prados, o que tem ajudado bastante o regime de corte de relva do município.

Um outro desenvolvimento importante foi a designação de todo o antigo cemitério de Southampton como SINC (Sítio de Importância para a Conservação da Natureza) em 2003. A designação baseou-se nos seguintes critérios SINC:

- □ 2B - Prados semi-aproveitados com presença significativa de prados não melhorados
- □ 6A - Sítios que albergam uma ou mais espécies notáveis
- □ 6B - Sítios que albergam espécies com distribuição restrita ou cuja área de distribuição está a diminuir substancialmente

(Me *Cullochpers comm.,* 2011)

A designação SINC decorreu dos resultados de um levantamento da vegetação efectuado pelo HBIC (Hampshire Biodiversity Information Centre) em julho de 2002 e solicitado pelo Conselho Municipal de Southampton. O estudo do HBIC centrou-se nos prados ácidos e encontrou 94 espécies de plantas vasculares. Em três dos compartimentos, havia "matas de transição" particularmente ricas em prados mesotróficos e ácidos e alguma charneca. Um destes três compartimentos foi também um compartimento estudado nesta tese, ou seja, o compartimento 40. Na maior parte dos outros compartimentos foram identificados prados mesotróficos dominados por aveia falsa *Arrhenatherum elatius* (HBIC, 2002).

CAPÍTULO 2

Método

2.1. Introdução ao método

O antigo cemitério de Southampton está dividido em 46 parcelas de gestão (ver figura 1). Por conseguinte, considerou-se impraticável investigar todas elas de igual modo. Foram selecionadas dez parcelas com base no mês de corte. Cinco dessas parcelas foram cortadas em junho, o que corresponde à época tradicional do corte agrícola do feno, mas que pode interromper os ciclos de vida de alguns insectos. As outras cinco parcelas foram cortadas em setembro, correspondendo à época típica de corte por razões de conservação ecológica, ou seja, permitindo que a maioria dos insectos complete os seus ciclos de vida. As parcelas selecionadas são apresentadas acima (ver figura 2). Uma fotografia de cada parcela (tirada em março de 2011) é apresentada no Anexo V.

Foi realizado um levantamento entomológico com redes de varredura (baseado em McGavin, 2007) das dez parcelas selecionadas para determinar a quantidade de insectos das pastagens. Foram realizados oito inquéritos com redes de varredura em todas as parcelas selecionadas durante o ano de 2011. Além disso, dois estudos-piloto em agosto e setembro de 2010 serviram para testar o método e, em particular, determinar os grupos de insectos mais adequados para a análise quantitativa.

Um estudo secundário importante envolveu a determinação da NVC (Classificação Nacional da Vegetação) de cada uma das dez parcelas selecionadas para o levantamento entomológico com rede de varredura, mas houve também uma série de outros estudos e medições feitos que podem apoiar os métodos acima. Estes incluíram o seguinte:

a. Em agosto e setembro de 2010 e depois em março de 2011, foi compilada uma lista completa das plantas vasculares em cada parcela, através de uma simples observação no terreno, com o objetivo de verificar se nenhuma espécie-chave tinha passado despercebida pelo estudo NVC (ver Anexo II).
b. Em 4 de maio de 2011, foi realizada uma análise do solo nu, utilizando os mesmos métodos do estudo NVC, para determinar a extensão de cada parcela sem vegetação rasteira; potencialmente, este fator variável poderia explicar anomalias nos resultados entomológicos (ver quadro 10).
c. Foi elaborada uma lista de algumas das espécies individuais de insectos registadas (apenas dos grupos selecionados) e do seu estado, apesar de a identificação ao nível da espécie não ser um aspeto essencial deste estudo (ver Apêndice I). Isto fornece dados valiosos sobre o registo de espécies.

Todo o trabalho de campo decorreu dentro dos limites do Cemitério Velho de Southampton. Trata-se de um local público, mas houve muito poucas interrupções devido à interferência do público. A questão mais importante foi a ética de caminhar sobre campas antigas e o risco potencial de ferimentos causados por talhões danificados. No entanto, foi pedida autorização ao pessoal do Centro Urbano de Vida Selvagem de

Hawthorns para caminhar sobre as campas e evitaram-se os ferimentos. Foi particularmente útil o facto de os membros das FoSOC terem marcado as campas danificadas. Não foi necessário efetuar uma Avaliação de Riscos para este local de estudo.

2.2 Levantamento entomológico

O estudo entomológico com redes de varredura seguiu e adaptou a metodologia da *Expedition Field Techniques: INSECTS and other terrestrial arthropods* (McGavin, 2007). Foram realizados oito levantamentos com redes de varredura em todas as dez parcelas selecionadas no mesmo dia e separados por intervalos de três semanas. Estas são resumidas a seguir (ver quadro 1).

Quadro 1: Resumo das datas e horários das visitas de estudo

Date of Visit	Start Time (24 hours)	Finish Time (24 hours)
24th April	14:20	16:55
15th May	13:49	17:25
4th June	11:30	16:15
27th June	11:30	16:20
18th July	10:30	17:10
8th August	11:05	15:40
29th August	11:40	15:55
19th September	11:25	15:15

[st]Os números das semanas seguiram os descritos no esquema de monitorização de borboletas do Reino Unido (2010) para transectos de borboletas, em que a semana 1 começa a 1 de abril e a semana 26 termina a 29 de setembro. O calendário dos levantamentos também seguiu as recomendações do Esquema de Monitorização de Borboletas do Reino Unido, com o objetivo de registar durante os períodos de máxima atividade diurna dos insectos. Nenhum levantamento começou antes das 10:30 e todos os levantamentos foram concluídos até às 17:50.

Uma rede de varredura (completa com saco branco) apoiada numa estrutura circular de 46 cm de diâmetro e disponível em Watkins & Doncaster (2010) (ver figura 3) foi o principal item do equipamento de pesquisa.

Adaptando a metodologia de McGavin (2007), a rede de varredura foi varrida rapidamente através da vegetação cinco vezes e em dez pontos de amostragem aleatórios (selecionados como descrito abaixo no quadro 2) dentro de cada parcela e em cada visita. Por conseguinte, foram efectuadas 50 varreduras por parcela e 500 varreduras por visita. Em retrospetiva, pode admitir-se que teria sido preferível, e mais simples, adotar o mesmo método de derivação dos locais de amostragem aleatória utilizado para o Estudo Nacional da Vegetação.

Figura 3: Rede de varredura disponível em Watkins e Doncaster[8] (Phil Budd)

Quadro 2: Método de amostragem sistemática passo a passo para o estudo entomológico

Each sampling point was 50 paces (50 x 0.6 metres = 30 metres) apart
On the first survey visit a starting point in SE corner of each plot was selected
The first sampling point was then 50 paces NW of the starting point
The second sampling point was reached by continuing in the same direction
When an edge was reached the walk to the sampling point continued by bouncing off at a 45 degree angle to the left and continuing in the new direction to the next sampling point
This process continued until all ten samplings had been completed
On the second surveying visit the method was identical except that it began in the SW corner of the plot
For the third and fourth survey visits the starting point was the NW and NE corner of the plot respectively
For the fifth to eighth visits the process was repeated
If a sample point was reached and there was found to be either no significant vegetation or low, prickly growth of bramble *Rubus fruticosus* then another 50 paces was walked and the next sample was taken then

Em cada visita, foi registado o tempo decorrido desde o início até ao fim e as seguintes condições meteorológicas:

Temperatura média (°Celsius): - Foi obtida uma estimativa da temperatura utilizando um termómetro digital incorporado num automóvel. As leituras foram efectuadas aproximadamente às 13:00 horas. Apesar da aparente falta de fiabilidade deste método, estas leituras foram utilizadas porque provaram ser altamente consistentes com os dados meteorológicos oficiais.

Direção do vento (direção da bússola) e velocidade (escala de Beaufort): - Foram determinadas por observação visual depois de cinco parcelas terem sido amostradas, ou seja, a meio do levantamento.

Percentagem de exposição ao sol:- Esta **percentagem** foi estimada visualmente após a conclusão de cada parcela individual e depois calculada a média para toda a visita de estudo.

Quadro 3: Grupos de insectos (ordens/famílias) estudados

Order	Family	Vernacular Name
Orthoptera	*Acrididae**	Grasshoppers
Orthoptera	*Tettigoniidae**	Bush-crickets
Hemiptera	*Pentatomidae*	Shield-bugs
Hemiptera	*Coreidae*	Squash-bugs
Hemiptera	*Rhopalidae*	Glass-bugs
Hemiptera	*Nabidae*	Damsel-bugs
Hemiptera	*Miridae*	Plant-bugs
Hemiptera	*Lygaeidae*	Ground-bugs
Coleoptera	*Coccinellidae*	Ladybirds

*Adultos e ninfas registados separadamente para estas famílias. Para todos os outros grupos, os adultos e as ninfas foram combinados nos valores.

Os grupos enumerados no quadro 3 foram inquiridos porque os estudos-piloto de 16^ de agosto & th 9 de setembro de 2010 revelou que eram pelo menos moderadamente abundantes acima do nível do solo nos prados do antigo cemitério de Southampton, sem necessariamente ocorrerem em números incontáveis. Verificou-se também uma tendência para os espécimes destes grupos não voarem imediatamente quando apanhados. Além disso, todas estas famílias eram facilmente identificáveis no terreno, utilizando Chinery (2007) como referência de identificação. O quadro 4 apresenta um formulário de registo em branco.

Quadro 4: Formulário de inquérito para amostragem de redes de arrasto EM BRANCO (metodologia de arrasto de Mc Gavin (2007))

SITE NAME: Southampton Old Cemetery, Southampton, Hampshire										RECORDER: Philip Budd			
YEAR:	DATE:			WEEK NUMBER:						START			END
AVERAGE TEMPERATURE (ºC):				WIND SPEED (0-6):						WIND DIRECTION:			
MONTH OF CUTTING	SEPTEMBER						JUNE						
PLOT NUMBER	4	12	19	23	40	Ave	6	28	32	39	45	Ave	Total
NUMBER OF SWEEPS	50	50	50	50	50		50	50	50	50	50		500
Orthoptera: Acrididae (adults)													
Orthoptera: Acrididae (nymphs)													
Orthoptera: Tettigoniidae (adults)													
Orthoptera: Tettigoniidae (nymphs)													
Hemiptera: Pentatomidae													
Hemiptera: Coreidae													
Hemiptera: Rhopalidae													
Hemiptera: Nabidae													
Hemiptera: Miridae													
Hemiptera: Lygaeidae													
Coloeoptera: Coccinellidae													
TOTAL													
PLOT	4	12	19	23	40		6	28	32	39	45		
% SUNSHINE													

2.3.Análise da classificação da vegetação nacional

As Tabelas Florísticas foram geradas após dois levantamentos em ambos os extremos da estação de crescimento, ou seja, setembro de 2010 e março de 2011. O NVC de cada uma das dez parcelas selecionadas foi então derivado utilizando o software TABLEFIT (Hill, 1996). O principal objetivo da determinação do NVC das parcelas era determinar a vegetação dominante e compará-la com eventuais anomalias nos dados entomológicos.

Foram efectuados dois levantamentos da vegetação nos dois extremos da estação de crescimento, ou seja, a 28 de agosto de 2010 e a 23ʳ de março de 2011. As espécies adicionais identificadas em março de 2011 foram adicionadas à lista de agosto de 2010. Para a lista combinada de ambos os levantamentos foi gerada uma tabela florística. Esta tabela florística incluiu dados sobre a Classe de Frequência (como descrito por

Rodwell, 2006a) e depois a Escala de Dornin (como descrito por Rodwell, 2006b). Neste estudo, a metodologia de Rodwell para a Classificação Nacional da Vegetação foi adaptada para dez quadrantes aleatórios por parcela e por visita, utilizando quadrantes de 2x2 metros (como recomendado para 'vegetação herbácea curta'). Foi construído um quadrado improvisado de 2x2 metros com quatro canas, uma fita métrica de aço e um cordel.

Foram gerados pontos aleatórios dentro de cada parcela de estudo utilizando uma tabela de números aleatórios gerada pelo software Microsoft Excel (2007). Cada número aleatório gerado consistia num bloco de quatro algarismos - os dois primeiros foram utilizados como número de passos (aproximadamente 2 pés ou 0,6 m de comprimento) a norte ao longo do limite da parcela de amostragem a partir do canto SE. Os segundos dois números correspondiam ao número de passos para oeste a partir do limite. As localizações aleatórias subsequentes foram identificadas continuando na mesma direção até se chegar a um limite. O ritmo continuou então até se atingir o ponto de amostragem seguinte, da mesma forma que para o estudo entomológico (ver acima).

A maioria das espécies era facilmente identificável, mesmo no estado vegetativo, mas ocasionalmente foram necessárias referências de identificação. Uma referência geral de identificação utilizada foi Stace (1997), mas para amostras vegetativas utilizou-se por vezes Poland & Clement (2009).

Neste estudo, o estudo NVC é secundário em relação ao projeto entomológico principal e a análise TABLEFIT (Hill, 1996) foi o método analítico mais facilmente disponível. O TABLEFIT fornece uma avaliação das cinco opções "mais adequadas" e foram efectuadas análises separadas com base na classe de frequência e na escala de Dornin. Infelizmente, o TABLEFIT não permite a impressão dos resultados, pelo que estes foram copiados à mão e resumidos.

Um exemplo de um quadro florístico gerado para uma das parcelas é apresentado no quadro 4a

(acima), mas para os quadros florísticos de cada parcela (ver apêndice III). No Apêndice III, os quadros florísticos foram abreviados, excluindo os quadrados individuais dos quadrats e ignorando também quaisquer espécies do estrato rasteiro presentes em quantidade insuficiente para afetar o resultado do NVC. O objetivo desta medida é poupar tempo e facilitar a interpretação dos resultados.

	Month of cut: September											
Survey Site: Southampton Old Cemetery						Plot Number: 4					Date: 28.8..2010 & 23.3.2011	
	Quadrats (Domin Score)											
Species	1	2	3	4	5	6	7	8	9	10	Frequency Class	Domin Range
Woody Plants												
Hedera helix				5		4	4			7	II	2 to 10
Rubus fruticosus agg.				4			3				I	3 to 4
Sambucus nigra	4			5							I	4 to 5
Taxus baccata	4			4							I	4
Forbs												
Equisetum arvense			5			9	3		6	7	III	3 to 7
Conopodium majus		3	10			4	2		6	8	III	2 to 10
Heracleum sphondylium		2				4	1	2		3	III	1 to 4
Aegopodium podagraria	7	2						7			II	2 to 7
Primula vulgaris			4				2		4		II	2 to 4
Arum maculatum		1		4				5			II	1 to 5
Urtica dioica				6							I	6
Lotus corniculatus			5								I	6 5
Veronica chamaedrys								4	5		I	4 to 5
Agrostis sp.		10	6		5	7	10	9	6		IV	5 to 10
Dactylis glomerata		1	6		6	4	3	4	3	3	IV	1 to 6
Holcus lanatus		4			4	3	3	4	4		III	3 to 4
Arrhenatherum elatius										8	I	8

Quadro 5: Quadro florístico para a parcela 4 do antigo cemitério de Southampton EXEMPLO

CAPÍTULO 3

Resultados

3.1. Resultados do inquérito entomológico

Os resultados tabelados do estudo entomológico são apresentados a seguir (ver quadros 6a, 6b e 6c). Em geral, tanto o quadro 6a como o quadro 6b mostram um pico inicial no número de insectos, seguido de uma quebra após o corte de junho e depois um pico secundário. O quadro 6b mostra um pico natural interrompido a meio do verão no número de insectos, seguido de uma quebra após o corte de setembro. Por conseguinte, é evidente que o corte da erva nas parcelas conduz a uma rápida redução do número de insectos, pelo menos a curto prazo. O quadro 6c mostra os números de insectos relacionados com as principais condições meteorológicas identificadas no método (acima).

Nada mais pode ser dito sobre estes resultados sem uma análise mais aprofundada, tanto gráfica como estatisticamente, exceto que há uma impressão inicial de uma ligação entre o momento dos cortes e o número de insectos. Estes resultados são analisados em pormenor na Discussão (abaixo).

Quadro 6a: Número total de insectos (por grupo/família) nas parcelas cortadas em junho

SAMPLE NUMBER PLOT 6	1	2	3	4	5	6	7	8
Date	24/4	15/5	4/6	27/6	18/7	8/8	29/8	19/9
Orthoptera: Total	0	5	1	0	0	0	0	0
Hemiptera: Total	4	7	3	0	0	1	0	0
Coloeoptera: Coccinellidae: Total	1	0	0	0	1	1	1	2
Total number of insects in plot	5	12	4	0	1	2	1	2
SAMPLE NUMBER PLOT 28	1	2	3	4	5	6	7	8
Orthoptera: Total	1	8	33	2	0	2	1	0
Hemiptera: Total	10	9	8	2	3	1	3	0
Coloeoptera: Coccinellidae: Total	3	2	6	4	3	1	2	1
Total number of insects in plot	14	19	47	8	6	4	6	1
SAMPLE NUMBER PLOT 32	1	2	3	4	5	6	7	8
Orthoptera: Total	0	7	5	1	0	2	0	0
Hemiptera: Total	4	7	6	4	4	6	4	2
Coloeoptera: Coccinellidae: Total	2	6	1	6	0	9	11	3
Total number of insects in plot	6	20	12	11	4	17	15	5
SAMPLE NUMBER PLOT 39	1	2	3	4	5	6	7	8
Orthoptera: Total	2	10	5	3	2	1	1	0
Hemiptera: Total	12	8	10	14	4	14	4	5
Coloeoptera: Coccinellidae: Total	7	1	2	17	5	7	13	5
Total number of insects in plot	21	19	17	34	11	22	18	10
SAMPLE NUMBER PLOT 45	1	2	3	4	5	6	7	8
Date	24/4	15/5	4/6	27/6	18/7	8/8	29/8	19/9
Orthoptera: Total	1	9	8	5	3	1	3	0
Hemiptera: Total	2	2	7	0	1	0	5	2
Coloeoptera: Coccinellidae: Total	2	0	0	5	0	2	0	4
Total number of insects in plot	5	11	15	10	4	3	8	6
Total number of insects in June-cut plots	51	81	95	63	26	48	48	24

Nota: As letras azuis indicam os levantamentos após o corte

Quadro 6b: Número total de insectos (por grupo) nas parcelas cortadas em setembro

SAMPLE NUMBER PLOT 4	1	2	3	4	5	6	7	8
Date	**24/4**	**15/5**	**4/6**	**27/6**	**18/7**	**8/8**	**29/8**	19/9
Orthoptera: Total	0	0	8	5	2	1	1	0
Hemiptera: Total	1	19	9	35	20	10	1	2
Coloeoptera: Coccinellidae: Total	1	2	2	2	3	5	2	0
Total number of insects in plot	**2**	**21**	**19**	**42**	**25**	**16**	**4**	2
SAMPLE NUMBER PLOT 12	**1**	**2**	**3**	**4**	**5**	**6**	**7**	**8**
Orthoptera: Total	1	12	15	3	1	1	0	0
Hemiptera: Total	6	16	7	35	29	14	1	1
Coloeoptera: Coccinellidae: Total	1	0	1	1	0	2	2	3
Total number of insects in plot	**8**	**28**	**23**	**39**	**30**	**17**	**3**	4
SAMPLE NUMBER PLOT 19	**1**	**2**	**3**	**4**	**5**	**6**	**7**	**8**
Orthoptera: Total	6	18	14	3	4	1	0	0
Hemiptera: Total	1	13	18	50	18	4	4	2
Coloeoptera: Coccinellidae: Total	6	10	4	5	1	2	8	1
Total number of insects in plot	2	41	**36**	**58**	**23**	7	**12**	3
SAMPLE NUMBER PLOT 23	**1**	**2**	**3**	**4**	**5**	**6**	**7**	**8**
Orthoptera: Total	0	11	6	3	1	0	0	0
Hemiptera: Total	1	11	2	12	14	4	3	0
Coloeoptera: Coccinellidae: Total	0	1	1	6	11	7	7	1
Total number of insects in plot	1	**23**	**9**	**21**	**26**	**11**	**10**	1
SAMPLE NUMBER PLOT 40	**1**	**2**	**3**	**4**	**5**	**6**	**7**	**8**
Orthoptera: Total	0	14	15	5	2	2	0	0
Hemiptera: Total	4	13	10	40	28	21	3	1
Coloeoptera: Coccinellidae: Total	3	1	2	9	12	23	12	0
Total number of insects in plot	7	**28**	**27**	**54**	**42**	**46**	**15**	1
Total number of insects in September - cut plots	7	141	114	214	146	97	44	11

Nota: As letras azuis indicam os levantamentos após o corte

Quadro 6c: Número total de insectos em relação às variáveis relacionadas com o clima (para todas as parcelas do cemitério antigo de Southampton)

WEEK NUMBER	4	7	10	13	16	19	22	25	
DATE	**24/4**	**15/5**	**4/6**	**27/6**	**18/7**	**8/8**	**29/8**	**19/9**	**Total**
Total Orthoptera	11	94	110	30	15	11	6	0	**277**
Total Hemiptera	82	105	80	192	121	75	30	15	**700**
Total Coloeoptera: Coccinellidae	37	23	19	55	36	59	62	20	**311**
Total Insects	**130**	**222**	**209**	**277**	**172**	**145**	**98**	**35**	**1288**
% SUNSHINE	100%	11%	78%	52%	2%	70%	67%	7%	
AVERAGE TEMPERATURE	25	17	26	27	17	20	19	17	
WIND DIRECTION	SE	SW	NE	SE	SW	W	NW	NW	
WIND DIRECTION (Degrees)	135	225	45	135	225	270	315	315	
WIND SPEED (Beaufort Scale)	2	4	3	3	3	4	4	3	

3.2. Resultados da classificação da vegetação nacional

Os Quadros 7a e 7b (abaixo) mostram uma comparação entre os resultados da análise TABLEFIT utilizando a Escala Domin (Rodwell, 2006b) e a Classe de Frequência (Rodwell, 2006a). Para a análise da escala Domin, todos os resultados dos "melhores ajustes" são fracos ou muito fracos, ao passo que, para a análise da classe de frequência, cinco dos resultados dos "melhores ajustes" são melhores do que fracos.

Por conseguinte, pelo menos neste caso, parece que foi obtido um resultado mais satisfatório para a classificação da vegetação utilizando a escala de frequência.

O Quadro 7c combina os melhores resultados da análise NVC e o Quadro 7e define as comunidades relevantes e os respectivos tipos de habitat. Considera-se que é válido utilizar os "melhores resultados" quando os resultados globais são fracos para obter a melhor estimativa possível do tipo de vegetação. Em oito das parcelas foi identificada uma mistura de comunidades florestais e de prados, mas em duas parcelas, ou seja, na parcela 19 e na parcela 40, parece haver apenas comunidades de prados dominantes.

Todas as comunidades herbáceas dominantes nas parcelas são do tipo de habitat de prados mesotróficos (MG), ou seja, intermédios entre prados ácidos e prados calcários. Em sete das parcelas, a comunidade MG dominante é a MG1 *Arrhenatheum elatius-Festuca Rubra* (falsa aveia-festuca vermelha), mas a comunidade MG na parcela 6, relativamente sombria, e na parcela 28 é uma comunidade mista da qual faz parte a MG12 *Festuca rubra-Hyancinthioides* (festuca vermelha-azeda). A parcela 19, no entanto, é bastante diferente e a única comunidade dominante aqui identificada é a MG9 *Holcus lanatus-Deschampsia cespitosa* (Yorkshire Fog- Tufted Hair Grass).

As árvores de grande porte não foram incluídas na análise NVC, uma vez que se pretendia determinar as comunidades de prados. Uma vez que o antigo cemitério foi plantado como um arboreto, muitas das árvores não são nativas do Reino Unido e, por conseguinte, não podem ser utilizadas para ajudar na determinação dos tipos de NVC.

Em oito parcelas do antigo cemitério W24, *Rubus fruticosus* (silvas) parece ser dominante localmente e as áreas de pastagem de todas as parcelas de estudo parecem consistir num mosaico de *Arrhenatherum* (falsa aveia) ou *Festuca rubra* (festuca vermelha) dominado por pastagem mesotrófica. É de notar, contudo, que a vegetação na maioria das parcelas apresenta comunidades mistas.

Tabela 7a: NVC para o Cemitério Velho de Southamnton utilizando a escala dominante "Tablefit

Plot Number	Dominant Grassland NVC Sub-Community	Goodness of Fit	Dominant Woodland NVC Sub-Community (if present)	Goodness of Fit
4	MG1a	59 (poor)	W24b	52 (poor)
6	MG1a	36 (very poor)	W24a	47 (very poor)
12	MG1a	50 (poor)	W24	58 (poor)
19	MG1a	36 (very poor)	N/A	N/A
23	MG1	37 (very poor)	W24b	55 (poor)
28	MG12	37 (very poor)	W24b	44 (very poor)
32	MG1a	51 (poor)	W24b	53 (poor)
39	MG1a	44 (very poor)	W24b	48 (very poor)
40	MG12	53 (poor)	N/A	N/A
45	MG1a	32 (very poor)	W24b	43 (very poor)

Quadro 7b: NVC para Southampton Old Cemeterv utilizando a classe de frequência "Tablefit

Plot Number	Dominant Grassland NVC Sub-Community	Goodness of Fit	Dominant Woodland NVC Sub-Community	Goodness of Fit
4	OV23d	34 (very poor)	W24a	43 (very poor)
6	MG12a	55 (poor)	W24	39 (very poor)
12	MG9d*	34 (very poor)	W24	68 (fair)
19	MG9*	44 (very poor)	N/A	N/A
23	MG1	37 (very poor)	W24b	39 (very poor)
28	MG12	52 (poor)	W24b	47 (very poor)
32	MG9d	48 (very poor)	W24	59 (poor)
39	MG1a	81 (very good)	W24	76 (very good)
40	MG1a	71 (good)	N/A	N/A
45	MG1a	57 (poor)	W24b	63 (fair)

*Os melhores resultados para estas comunidades foram, na verdade, as "impossíveis" comunidades de pradarias costeiras MG8 envolvendo *Armeria maritima*, mas com resultados apenas fraccionalmente melhores.

Tabela 7c: Análise NVC para o Cemitério Velho de Southampton usando 'Tablefit' (envolvendo 'goodness of fit') MELHORES RESULTADOS

Plot Number(s)	Dominant Grassland NVC Sub-Community	Goodness of Fit	Dominant Woodland NVC Sub-Community	Goodness of Fit
4/45	MG1a/57	59	W24b	52/63
6	MG12a	55	W24a	47
12	MG1a	50	W24	68
19	MG9	44	None	0
23	MG1	37	W24b	55
28	MG12	52	W24b	47
32/39	MG1a	51/81	W24	59/76
40	MG1a	71	None	0

Tabela 7d: Análise NVC da pastagem mesotrófica no antigo cemitério de Southampton (segundo RodwelL 1998)

Plot No.	Dominant Grassland NVC Sub-Community using 'Tablefit'	Dominant Grassland NVC Community using the key	Dominant Grassland NVC Sub-community using the key
4	MG1a	MG1	Impossible to determine sub-community
6	MG12a	MG1	Impossible to determine sub-community
12	MG1a	MG1	*Festuca rubra* sub-community
19	MG9	MG1	*Festuca rubra* sub-community
23	MG1	MG1	Impossible to determine sub-community
28	MG12	MG1	*Festuca rubra* sub-community
32	MG1a	MG1/MG5	Impossible to determine sub-community
39	MG1a	MG1	*Festuca rubra* sub-community
40	MG1a	MG1	*Festuca rubra* sub-community
45	MG1a	MG1/MG5	Impossible to determine sub-community

Nota: As melhores correlações foram observadas para as parcelas destacadas a amarelo pálido

Tabela 7e: Comunidades e subcomunidades NVC identificadas no Cemitério Velho de Southampton

NVC Code	Habitat Type	Description (scientific) in Tablefit	Description (verbacular taxa)
MG1	Mesotrophic Grassland	*Arrhenatherum elatior-Festuca Rubra*	False Oat-Red Fescue community
MG1a	Mesotrophic Grassland	*Arrhenatherum elatior-Festuca Rubra*	False Oat-Red Fescue community
	Sub-community	*Arrhenatherum elatior-Heracleum sphonylium*	False Oat-Hogweed sub-community
MG9	Mesotrophic Grassland	*Holcus lanatus-Deschampsia cespitosa*	Yorkshire Fog-Tufted Hair Grass community
MG9d	Mesotrophic Grassland	*Holcus lanatus-Deschampsia cespitosa*	Yorkshire Fog-Tufted Hair Grass community
	Sub-community	*Festuca rubra*	Red Fescue sub-community
MG12	Mesotrophic Grassland	*Festuca rubra-Hyacinthoides non-scripta**	Red Fescue-Bluebell community
MG12a	Mesotrophic Grassland	*Festuca rubra-Hyacinthoides non-scripta**	Red Fescue-Bluebell community
	Sub-community	*Ranunculus ficaria*	Lesser Celandine sub-community
OV23d	Open Vegetation	*Lolium perenne-Dactylis glomerata*	Perennial Rye-Cock's-foot Grass community
W24	Underscrub	*Rubus fruticosus-Holcus lanatus*	Bramble-Yorkshire Fog community
W24a	Underscrub	*Rubus fruticosus-Holcus lanatus*	Bramble-Yorkshire Fog community
	Sub-community	*Cirsium arvense-Cirsium vulgare*	Creeping & Spear Thistle sub-community
W24b	Underscrub	*Rubus fruticosus-Holcus lanatus*	Bramble-Yorkshire Fog community
	Sub-community	*Arrhenatherum elatior-Heracleum sphonylium*	False Oat-Hogweed sub-community
* MG12 is also known as *Festuca arundinacea* (Rush-leaved Fescue) grassland (JNCC, 2006)			

Uma vez que os tipos de comunidades herbáceas derivadas eram bastante mal definidos pelo TABLEFIT, mas podiam ser interpretados como "prados mesotróficos", foi feita uma tentativa de identificar as comunidades herbáceas em cada parcela utilizando a chave binomial para os prados mesotróficos de Rodwell (1998). Os resultados são apresentados no quadro 7d (acima). Parece haver uma correlação aproximada entre os resultados dos dois métodos para 70% das parcelas, mas não para três das parcelas, ou seja, a parcela 6, a parcela 19 e a parcela 28. Estes resultados parecem corroborar as conclusões do estudo do Centro de Informação sobre Biodiversidade de Hampshire de 2003 (HBIC, 2003), segundo o qual a comunidade herbácea dominante no Cemitério Velho de Southampton é a pastagem MG1 *Arrhenatherum elatius*.

3.3 Dimensão da parcela e data dos dados de corte

Os dados sobre a dimensão das parcelas (em hectares) foram fornecidos por David Rees (Câmara Municipal de Southampton) e resumidos no quadro 8. Inevitavelmente, existe uma variação significativa nas dimensões das parcelas individuais, por exemplo, a parcela 32 é seis vezes maior do que a parcela 45. No entanto, nenhuma das parcelas é considerada individualmente na análise dos dados entomológicos, pelo que a área total de cada conjunto de cinco parcelas é mais significativa. Felizmente, a área total coberta pelo regime de corte de junho é apenas cerca de 5% maior do que a área correspondente das parcelas cortadas em setembro.

Os dados sobre a data de corte foram fornecidos por Simon Buston (Câmara Municipal de Southampton) e também estão resumidos no quadro 8. Felizmente, todos os cortes de junho ocorreram entre a visita de inspeção 3 e a visita de inspeção 4 e, da mesma forma, todos os cortes de setembro ocorreram entre a visita de inspeção 7 e a visita de inspeção 8.

Quadro 8: Isenção de área e data de corte de parcelas selecionadas no cemitério antigo de Southarnnton

	Size (ha)	Date of cut (in 2011)
June Cut		
6	0.204	6th June
28	0.224	13th June
32	0.339	8th June
39	0.266	9th June
45	0.050	7th June
Total	1.083	
September Cut		
4	0.149	2nd September
12	0.198	6th September
19	0.244	16th September
23	0.146	8th September
40	0.208	14th September
Total	0.945	

3.4. Levantamento de plantas vasculares

O quadro 9 mostra o número combinado de espécies de plantas vasculares registadas em cada uma das dez parcelas nos levantamentos NVC de agosto de 2010 e março de 2011, seguido das espécies adicionais observadas no levantamento de toda a área da parcela em 6^ de setembro de 2010. É calculado um número total de espécies para cada parcela e uma percentagem do total registado no levantamento NVC. Para informações mais pormenorizadas (ver Anexo II).

Quadro 9: Resultados do levantamento de plantas vasculares no antigo cemitério de Southamnton

	No. of Species (NVC Survey)	Additional Species seen on 06/09/2010	Total Species	% Species picked up on NVC survey
Plot 4	40	14	54	74.1%
Plot 6	37	24	61	60.7%
Plot 12	42	26	68	61.7%
Plot 19	28	34	62	45.2%
Plot 23	38	23	61	62.3%
Plot 28	29	30	59	49.2%
Plot 32	34	33	67	50.7%
Plot 39	39	23	62	62.9%
Plot 40	35	23	58	60.3%
Plot 45	31	13	44	70.4%
Average	35.3	24.3	59.6	59.8%

Estes resultados mostraram que cerca de 45% a 75% (média 60%) do número total de plantas vasculares presentes nas parcelas foram detectadas no levantamento NVC. Calculou-se que a área pesquisada nos quadrats NVC representava aproximadamente 2% da área total das parcelas:

10quadrats x 2m x 2m/0,2 hectares = 40m2/2000m2 = 1/50 = 0,02 = 2%

Considera-se razoável esperar que apenas 60% das espécies de plantas vasculares sejam encontradas numa área que cubra apenas 2% de uma parcela. É também provável que, em dez amostras aleatórias, estes 60% de espécies encontradas sejam suficientes para permitir uma definição exacta do tipo de NVC.

3.5. Análise do solo nu

O quadro 10 mostra que a área média de solo descoberto nas parcelas, pelo menos em 4 de maio de 2011, era de apenas 5,4%. Também nenhuma parcela individual tinha mais de 18% de solo descoberto nessa altura. Os dados meteorológicos oficiais mostram que os meses de março e abril de 2011 foram muito secos, o que poderá ter aumentado a proporção de solo descoberto observada. Foram registados 25,8 mm de precipitação em Southampton em março e abril de 2011 (Southampton, 2012b), o que representa apenas 23% da precipitação média de março e abril no Sudeste e Centro-Sul de Inglaterra durante o período de 1971 a 2000 (Met Office, 2012).

Dada a primavera muito seca e a probabilidade de a extensão de solo descoberto numa parcela diminuir mais tarde na estação, em resultado do crescimento da vegetação, é muito pouco provável que uma quantidade tão pequena de solo descoberto nas parcelas na primavera influencie a composição da vegetação ou a abundância de insectos.

Tabela 10: Análise do solo nu para o antigo cemitério de Southamnton

Plot	Q 1	Q 2	Q 3	Q 4	Q 5	Q 6	Q 7	Q 8	Q 9	Q 10	Ave
June Cut											
6	0%	2%	9%	1%	10%	3%	14%	1%	0%	6%	**5.1%**
28	0%	0%	0%	12%	0%	7%	0%	0%	1%	1%	**2.1%**
32	1%	0%	0%	0%	1%	7%	1%	1%	1%	2%	**1.4%**
39	4%	5%	1%	2%	0%	0%	1%	0%	7%	11%	**3.1%**
45	3%	2%	5%	5%	2%	0%	0%	3%	1%	0%	**2.1%**
Average for June cut											
September Cut											
4	0%	0%	4%	20%	0%	2%	6%	0%	3%	0%	**3.5%**
12	60%	0%	11%	9%	0%	0%	3%	0%	86%	3%	**17.2%**
19	0%	0%	0%	1%	0%	2%	51%	0%	1%	0%	**5.5%**
23	0%	42%	7%	32%	0%	10%	13%	4%	0%	9%	**11.7%**
40	2%	1%	7%	6%	7%	8%	6%	12%	0%	0%	**4.9%**
Average for September Cut											**8.6%**
Ave											**5.4%**

Q = Quadrado

3.6. Dados do transecto de borboletas

John Vetterlein (membro dos Amigos do Cemitério Velho de Southampton) efectuou um transecto semanal de borboletas seguindo o método estabelecido pelo Esquema de Monitorização de Borboletas do Reino Unido (2010). Este transecto tem sido contínuo desde 2006 e tem fornecido excelentes dados sobre as tendências das borboletas das pastagens no cemitério ao longo de seis épocas de registo (ver quadro 11).

Quadro 11: Borboletas das pastagens no transecto do cemitério antigo de Southampton (Modificado a partir de dados de Vetterlein J.. 2011)

	Year						
Species	**2006**	**2007**	**2008**	**2009**	**2010**	**2011**	**Total**
Small/Essex Skipper	61	38	134	65	69	25	**392**
Small Copper	36	52	15	26	9	6	**144**
Common Blue	33	16	21	31	18	4	**123**
Speckled Wood	106	137	256	375	138	138	**1150**
Marbled White	198	219	172	132	73	27	**821**
Gatekeeper	583	526	897	979	428	306	**3719**
Meadow Brown	298	209	302	216	49	49	**1123**
Ringlet	61	153	265	197	157	116	**949**
Total Grassland Butterflies	**1381**	**1350**	**2066**	**2021**	**944**	**672**	**8434**

Os dados sobre borboletas comparam os números de borboletas dos prados em 2011 com os dos anos anteriores, desde que os dados estejam disponíveis, ou seja, 2006. A razão de ser desta análise é dar uma indicação de como os números globais de insectos dos prados em 2011 podem ter sido comparados com os dos anos anteriores.

De um modo geral, registou-se um declínio constante no número de borboletas dos prados ao longo das seis épocas anteriores e a época de 2011 foi particularmente fraca, especialmente para as espécies cujas larvas se alimentam de outras espécies para além das gramíneas, ou seja, a cobreira-pequena e a azul-comum. Das plantas alimentares enumeradas em Asher *et al.* (2001), é provável que a azul-comum utilize o pé-de-pássaro comum *(Lotus corniculatus)* e a cobre-pequena utilize a azeda *(Rumex sp.)* no antigo cemitério de

Southampton. É possível que a quantidade e/ou a qualidade destas plantas alimentares tenha diminuído e/ou que as borboletas tenham sido afectadas pelas condições meteorológicas invulgares de 2011. Infelizmente, não existem dados comparativos sobre a abundância de insectos, para além das borboletas, no período de 2006 a 2011, que permitam testar uma relação entre o número de insectos e as condições meteorológicas.

3.7. Dados meteorológicos

Os dados meteorológicos para cada uma das visitas de estudo estão resumidos acima (ver quadro 6c) e os horários das visitas de estudo também são apresentados acima (ver quadro 1). Os dados sobre o vento e a luz do sol foram fáceis de obter e ambos mostram alguma variação significativa. A força do vento foi consistentemente baixa durante todas as visitas de inspeção.

Relativamente aos dados de temperatura, houve um problema na medida em que o método utilizado para os estimar era provavelmente inválido. No entanto, quando as minhas estimativas da temperatura média foram comparadas com os dados meteorológicos locais oficiais (Southampton Weather, 2012a), as estimativas revelaram-se razoavelmente exactas (ver quadro 12). Em todas as visitas, a hora da temperatura máxima situou-se dentro do período em que os inquéritos foram realizados. As únicas excepções, assinaladas a vermelho, foram os dois casos em que a temperatura máxima oficial ocorreu aproximadamente uma hora após o final do período de inquérito. Por conseguinte, parece ser válido utilizar as estimativas de temperatura originais em qualquer análise dos dados meteorológicos.

Quadro 12: Dados de temperatura obtidos e comparados com os dados meteorológicos oficiais

Date of survey	My temperature Estimate (Celsius)	Official maximum Temperature (Celsius)	Time of official maximum temperature (24 hours)	End time of my survey visit (24 hours)
24th April	25	24.2	16:16	16:55
15th May	17	17.7	14:20	17:25
4th June	26	26.9	16:07	16:15
27th June	27	27.5	12:58	16:20
18th July	17	17.8	16:24	17:10
8th August	20	21.5	16:42	15:40
29th August	19	19.0	14:54	15:55
19th September	17	17.1	15:34	15:15

CAPÍTULO 4

Discussão

4.1. Resumo do debate

Neste ponto, vale a pena recordar a hipótese original e a hipótese nula:

HO (Hipótese nula): os regimes de corte sazonais não têm influência na abundância de grupos de insectos selecionados em parcelas de prados no antigo cemitério de Southampton

HI (Hipótese): a abundância de grupos selecionados de insectos em parcelas de prados no antigo cemitério de Southampton varia em função de regimes de corte sazonais específicos

Por conseguinte, o principal objetivo do presente estudo é considerar os resultados dos dados entomológicos. No entanto, é importante considerar outras variáveis potenciais que poderiam influenciar os resultados e descrever como essas variáveis foram eliminadas ou não, ou seja

Quadro 13: Resumo de variáveis diversas (excluindo o momento do corte e o número de insectos)

Factor	Discussion
Vegetation Composition (NVC)	**More detailed analysis (below)**
Flora species missed in NVC survey	**More detailed analysis (below)**
Size of Plot	Factor eliminated as the total areas of the five June cut and five September cut plots considered, not individual plots. The total area of June cut plots within 15% of total area of September cut plots.
Shape of Plot	Factor eliminated as very long and narrow or irregular plots were eliminated from the study. The entire individual plots were therefore approximately the same in shape and in the ratio of edge length to internal area.
Exact date of cutting	Variations due to this factor eliminated as it was established that all the cuttings occurred between 3rd & 4th survey visits or between 7th & 8th survey visits
Extent of bare ground	Factor eliminated as the extent of bare ground was very limited, despite the fact that the measurements were made on an early date in a very dry season
Butterfly numbers in 2011	Suggested low numbers of insects in 2011 possibly related to weather factors or/and to management but this is not directly relevant to comparison of insects numbers to time of cut
Weather Data	**More detailed analysis (below)**
Soil conditions	This was not tested as it was considered that any significant soil variation would be reflected in the variation of vegetation. Additionally soil analysis would be unreliable due to the amount of previously disturbed ground in the cemetery.
Cutting time of adjacent plots (a consideration not mentioned above)	Considered to be too complicated, statistically, to consider as part of this study and unlikely to provide any useful conclusions. A potential for future study.

3.2. Composição da vegetação

É muito claro que a composição da vegetação no Cemitério Velho de Southampton é muito heterogénea, o que se reflecte na fraca correspondência com a análise NVC do Tablefit. O método de identificação da comunidade NVC dominante também se revelou algo inconclusivo, especialmente no que respeita à determinação das subcomunidades. No entanto, parece haver uma boa indicação de que a comunidade de prados dominante é MG1 *Arrhenatherum elatius - Festuca rubra* Mesotrophic Grassland e que a principal comunidade florestal é *Rubus fruticosus - Holcus lanatus* Underscrub.

No entanto, é possível que o estudo NVC não tenha detectado espécies-chave por acaso em, pelo menos, algumas das parcelas, o que pode distorcer os resultados NVC a favor de uma correlação mais fraca. A tabela 7e mostra que as espécies-chave na definição dos tipos de vegetação (classificações NVC) identificados são as seguintes *Arrhenatherum elatius; Cirsium arvense; C.vulgare; Dactylis glomerata; Deschampsia caespitosa; Heracleum sphondylium; Holcus lanatus; Hyacinthoides non-scripta; Lolium perenne; Ranunculus ficaria* e *Rubus fruticosus agg.*

A referência ao apêndice II mostra que, das espécies acima enumeradas, *Deschampsia caespitosa* (erva-de-pente ondulado) não foi encontrada de todo no Cemitério Velho de Southampton e *Ranunculus ficaria* (celandine-pequena) não foi visível durante o levantamento de setembro de 2010. Também não foi possível distinguir as cabeças de frutificação mortas da *Hyacinthoides non-scripta* (campainha-azul) autóctone de outros taxa do género *Hyacinthoides* mais tarde na estação.

Todas as outras espécies listadas acima foram detectadas em *todas as parcelas* (se é que estavam presentes) no levantamento NCV, exceto as seguintes, que só foram encontradas como espécies adicionais em parcelas específicas (entre parêntesis): *Cirsium vulgare* (parcela 9); *C.vulgare* (parcela 12); *Festuca rubra* (parcela 6); *Heracleum sphondylium* (parcelas 32 e 39) e *Lolium perenne*

(parcelas 19, 32 e 45). Por conseguinte, a maior parte dos principais componentes dos tipos de vegetação estavam presentes em número suficiente para serem selecionados na análise NVC.

Infelizmente, não foi possível medir a abundância das espécies adicionais nas parcelas em que foram encontradas. No entanto, parece não haver boas razões para reavaliar o CVN das parcelas selecionadas com base nas espécies adicionais encontradas em setembro de 2010.

4.3. Dados meteorológicos

Os dados meteorológicos relativos a cada visita de estudo estão resumidos no quadro 5. Foi utilizado um método de validade duvidosa para estimar a temperatura média durante cada visita de inspeção, mas, felizmente, estas leituras foram muito bem comparadas com os dados oficiais obtidos da Southampton Weather (2012a). Toda esta informação aparece no quadro 12 e foi decidido que as minhas estimativas originais de temperatura deviam continuar a ser utilizadas na análise estatística.

A análise estatística utilizada para comparar os dados meteorológicos com o número de insectos foi o Coeficiente de Classificação de Spearman, que é o método de análise estatística mais utilizado para dados não paramétricos (Fowler J. et al., 1998a). O Coeficiente de Classificação de Spearman (rs) foi encontrado para o número total de insectos e para o número de insectos por ordem taxonómica para a temperatura, a insolação e a direção do vento. Os valores de rs resultantes estão resumidos no Quadro 14.

Quadro 14: Resumo do coeficiente de Spearmans (r_s) para o número de insectos em relação às variáveis meteorológicas

	Orthoptera numbers	**Hemiptera numbers**	**Coleoptera numbers**	**Total insects**
Temperature	0.405*	0.143	0.167	0.524*
% Sunshine				-0.048
Wind Direction	**0.833****	0.595*	-0.31	**0.643****

*Correlação fraca, mas não estatisticamente significativa;
**Correlação estatisticamente significativa

Para o Coeficiente de Rank Spearman, um valor > 0,643 é indicativo de significância estatística quando há oito variáveis x, como neste caso (Fowler J. et al., 1998a). As oito variáveis x são as oito visitas de inquérito. A única variável estatisticamente

O resultado mais significativo foi o da direção do vento em relação ao número de *Orthoptera*, embora a direção do vento em relação ao número total de insectos também tenha sido marginalmente significativa, uma vez que foi influenciada pelo resultado relativo *aos Orthoptera*. Embora não tenha havido qualquer outro resultado estatisticamente significativo, verificou-se uma correlação muito fraca entre o número de *Hemiptera* e a direção do vento; entre o número de *Orthoptera* e a temperatura e entre o número total de insectos e a temperatura. A correlação entre a insolação e o número total de insectos foi tão fraca (um valor negativo para rs) e a variação da insolação entre as visitas de estudo foi tão grande (ver quadro 6c) que não houve claramente qualquer relação entre a insolação e o número de insectos. Uma análise mais pormenorizada dos resultados estatisticamente significativos relativos à direção do vento é apresentada num gráfico de dispersão, gerado no Minitab® (2011). (Ver figura 4).

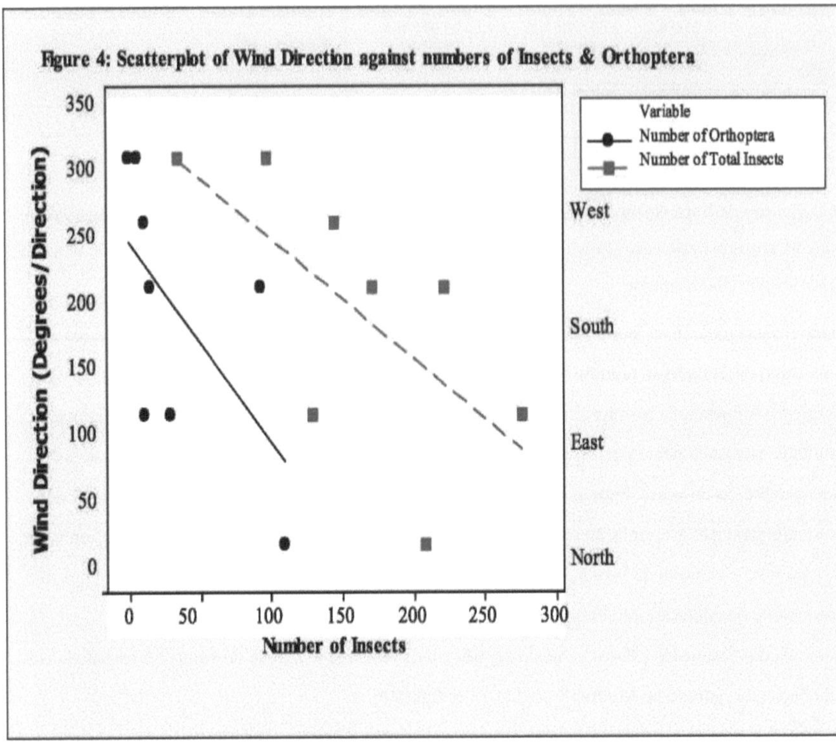

Embora as correlações estejam longe de ser perfeitas, a correlação de Spearman Rank mostra que são estatisticamente significativas e que existe uma clara tendência para um maior número de insectos quando o vento é de leste ou de sul, em comparação com o vento de oeste ou de noroeste. Isto pode estar relacionado com o facto de que, quando os ventos são de oeste, o ar provém do Oceano Atlântico e é mais frio e húmido, ao passo que os ventos de sul, sudeste ou leste trazem do continente um clima mais quente, seco e ensolarado, que é mais propício à atividade dos insectos. Por conseguinte, a direção do vento e, mais especificamente, a combinação particular de condições meteorológicas a ele associadas parecem afetar os resultados de um estudo de campo sobre o número de insectos. No entanto, a variabilidade climática no Reino Unido é tal que é impossível eliminar esta variável, mesmo que a amostragem seja efectuada a intervalos regulares exactos.

Um fator meteorológico potencialmente significativo que não foi inicialmente considerado foi a precipitação. Não foi registada qualquer precipitação nas visitas de prospeção entomológica, uma vez que, felizmente, não ocorreu qualquer precipitação significativa durante a sua realização. No entanto, é possível que a precipitação recente, ou seja, nas 48 horas anteriores, possa afetar a abundância de insectos nos prados. O Quadro 15 mostra um exemplo do cálculo do Coeficiente de Classificação de Spearman, mas para a variável precipitação recente. Os valores da precipitação foram obtidos através de um método que utiliza um pluviómetro de Perspex não normalizado num local a 6 km a leste do local do estudo. As tabelas completas da Análise do Coeficiente de Classificação de Spearman constam do Apêndice IV.

Quadro 15: Teste do coeficiente de Spearman Rank do número de insectos em relação à precipitação (nas 48 horas anteriores)

130	222	209	277	172	145	98	35	Total Insect Numbers
0.0	0.0	0.0	2.0	14.5	4.0	0.0	14.5	Rain in last 48 hours (mm)

Spearman Rank Correlation Coefficient r_s					
X-Variable	Rank of X	Y-Variable	Rank of Y	d	d^2
48 hour rainfall					
0.0	1	222	2	-1	1
0.0	2	209	3	-1	1
0.0	3	130	6	-3	9
0.0	4	98	7	-3	9
2.0	5	277	1	4	16
4.0	6	145	5	1	1
14.5	7	35	8	-1	1
14.5	8	172	4	4	16
				$\Sigma d = 0$	$\Sigma d^2 = 54$

r_s = 1 - | 6 x 54/(8 x 8 x 8) - 8] = 1 - (444/504) = (1 - 0,643) = 0,357

r_s = 0,357 e n = 8. Para n = 8 e r_s < 0,643 significa que a correlação entre o número de insectos e a precipitação nas últimas 48 horas não é estatisticamente significativa

O quadro 15 mostra que não houve precipitação nas 48 horas que precederam quatro das visitas de estudo, mas caíram 14,5 nun no mesmo período antes de duas das outras visitas. Apesar desta grande variação na precipitação, o valor rs obtido foi um valor estatisticamente insignificante de 0,357 e parece, portanto, que não existe mais do que uma correlação muito fraca entre o número de insectos e a precipitação recente. No entanto, estes resultados são bastante inconclusivos e talvez tivesse sido melhor registar a precipitação anterior no local do estudo e comparar os resultados com os números oficiais de Southampton.

4.4.1. Análise gráfica de dados entomológicos

A figura 5 apresenta os resultados relativos ao número total de insectos registados nas cinco parcelas cortadas em junho (ver quadro 6a) e nas cinco parcelas cortadas em setembro (ver quadro 6b), em função das oito visitas de observação. Obtém-se assim uma comparação visual direta das tendências em relação às linhas de referência que representam o momento dos cortes de junho e setembro. Embora haja uma anomalia na terceira visita de observação (4 de junho), o número de insectos nas parcelas cortadas em setembro parece mostrar uma tendência sazonal natural com um pico distinto a meio do verão, como seria de esperar. Em contraste, nas parcelas cortadas em junho, há um declínio no número de insectos após o corte de junho, mas este é seguido por um pico secundário em agosto.

Figure 5: Southampton Old Cemetery Total Insect Numbers

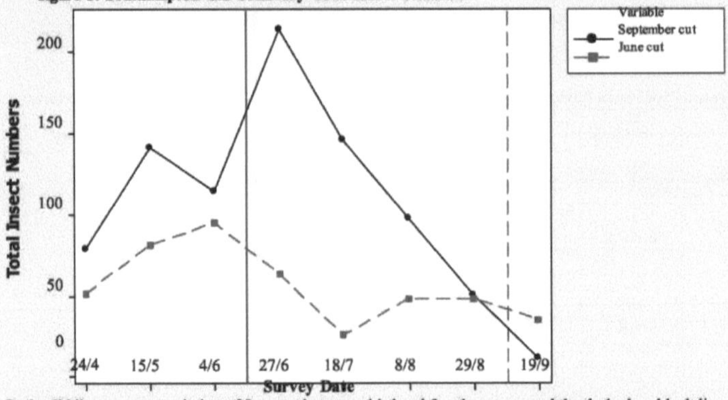

Red solid line represents timing of June cut between third and fourth surveys and the dashed black line represents the timing of the September cut.

As figuras 6a a 6c (abaixo) mostram as tendências do número total de insectos, por grupo taxonómico, em função da visita de observação. O gráfico para os *Hemiptera* (figura 6c) apresenta uma tendência quase idêntica à do total de insectos (figura 5), o que não é surpreendente, uma vez que o número individual de *Hemiptera* representou 54,3% do número total de insectos, tal como calculado a partir dos valores apresentados no quadro 5. A parcela de *Hemiptera* também reflecte o facto de 58,8% dos indivíduos registados serem percevejos *Miridae* (ver quadro 16).

Quadro 16: Southampton Old Cemetery - Estudo entomológico: Importância da família *Miridae*

Date of Survey	Total number of Hemiptera	Number of Miridae only	% Miridae of Total Hemiptera
24-Apr-11	82	64	78.0%
15-May-11	105	92	87.6%
04-Jun-11	80	64	80.0%
27-Jun-11	192	127	66.1%
18-Jul-11	121	80	66.1%
08-Aug-11	75	27	36.0%
29-Aug-11	30	9	30.0%
19-Sep-11	15	4	26.7%
Average			58.8%

Uma vez que a maior parte dos *Hemiptera,* incluindo *Miridae,* passam o inverno como ovos (Chinery, 2007), seria de esperar um pico de adultos e ninfas de início tardio a meio do verão, o que se observa na figura 6c. Outro ponto é que o grande aumento do número de *Hemiptera* nas parcelas cortadas em setembro *após o* corte em junho (também mostrado na figura 6c) parece explicar a maior parte da anomalia semelhante observada na figura 5. Em comparação, o número de *Orthoptera* (a partir dos dados do quadro 5) representa apenas 21,5% do número total de insectos. No entanto, o número de *Orthoptera* era ainda suficiente para permitir a identificação de uma tendência sazonal (ver figura 6a). Estes insectos também hibernam na fase de ovo (Chinery, 2007). No caso dos *Orthoptera*, verifica-se um pico nítido em maio/início de junho, correspondendo ao número máximo de ninfas, e depois um declínio acentuado dos números, provavelmente devido à elevada mortalidade das ninfas, seguido de um número relativamente baixo de adultos sobreviventes no final do verão. Os dois gráficos mostram uma correlação muito próxima, indicando que qualquer efeito nos números de *Orthoptera* devido ao corte de junho foi mascarado por um declínio sazonal natural acentuado nos *números de Orthoptera* nesta altura do ano.

Os números de *Coleoptera* (joaninhas) constituíram 24,1% do número total de insectos contados no inquérito (a partir dos valores do quadro 6c), mas a tendência dos números ao longo da estação foi mais complicada do que a observada nos outros grupos (ver figura 6b). As espécies de joaninhas também diferem dos *Orthoptera* e da maioria dos *Hemiptera,* pelo facto de hibernarem em adultos (Roy, H.E. *et al.,* 201 la).

Para as parcelas cortadas em setembro, assumiu-se que os números seguiram uma tendência natural. Dado que a metodologia de observação parece não ter detectado todas as fases de ovo e pupa e a maioria das larvas das espécies de joaninhas das pastagens, a maioria dos indivíduos foi registada como adultos. O pico inicial parece representar os adultos que saem da hibernação e o pico de agosto representa a nova geração de adultos. De alguma forma, o corte de junho parece aumentar três vezes o número de joaninhas antes de voltar ao nível do corte anterior. Este fenómeno parece ter uma influência na anomalia semelhante no número total de insectos entre 3rd e 4th visitas de estudo (ver figura 5).

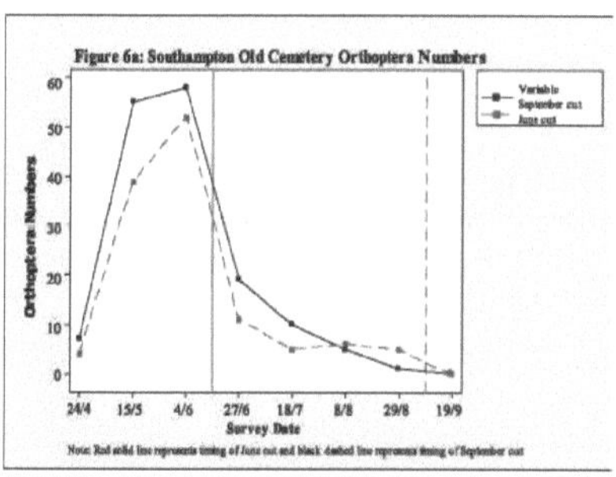

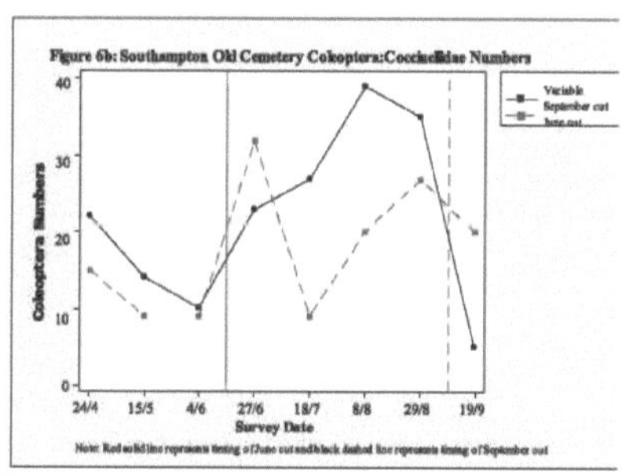

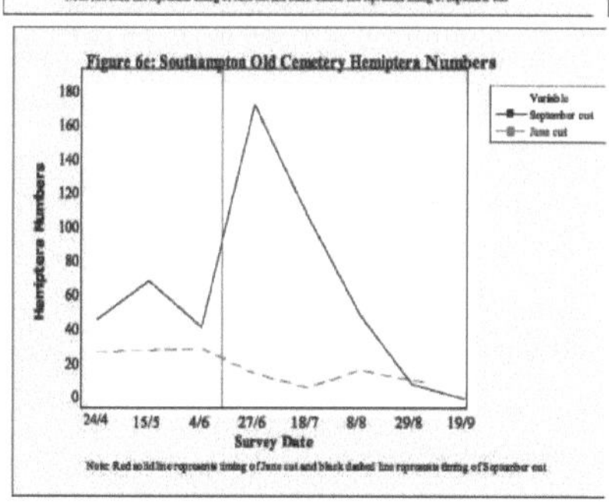

Uma vez que os números de insectos para cada visita de estudo consistem num total de cinco parcelas espacialmente separadas, é possível que resultados extremos para parcelas individuais possam distorcer os resultados. Isto foi testado através de uma análise de 95% CI. A análise do IC de todas as parcelas de corte de junho e de todas as parcelas de corte de setembro é apresentada na figura 7a e na figura 7b, respetivamente.

O IC 95% é o 'Intervalo de Confiança 95%', um termo estatístico que define o intervalo de valores dentro do qual existe 95% de confiança de que a média se encontra (Fowler, J et al., 1998b). Na figura 7a e na figura 7b, o IC 95% é apresentado como a barra vertical azul (whisker). Para as parcelas de corte de junho, apenas quatro dos totais individuais das parcelas se encontram acima do valor máximo do IC 95% e nenhum se encontra abaixo dele. Para as parcelas de corte de setembro, há três totais de parcelas individuais acima do valor máximo do IC 95% e três abaixo do valor mínimo do IC 95%.

Figure 7a Southampton Old Cemetery Individual Value Plot for June cut Plots
95% CI for the Mean

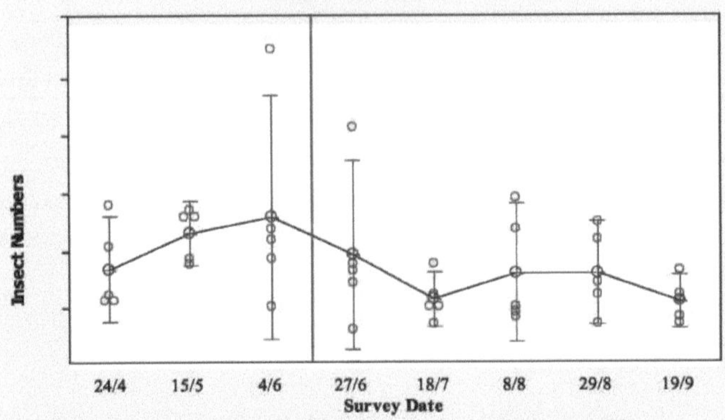

The red line represents the timing of the June cut between the 3rd and 4th survey visits

Figure 7b: Southampton Old Cemetery Individual Value Plot for September cut Plots
95% CI for the Mean

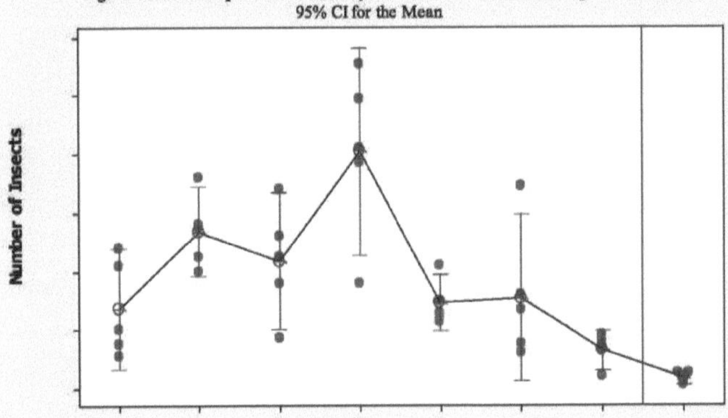

Survey Dates (as in Figure 7a)
The green line represents the September cut between the 7th and 8th survey visits

Existem 40 totais de parcelas individuais para cada mês de corte, o que significa que, para as parcelas de corte de junho, apenas 10% dos valores individuais se encontram fora do intervalo de IC 95%. O valor correspondente para as parcelas de corte de setembro é de 15%. Por conseguinte, uma grande maioria dos valores individuais das parcelas situa-se dentro do intervalo esperado da média e há relativamente pouco desvio da média.

A Tabela 17 mostra os valores individuais efectivos que se desviam do IC 95% em termos de parcela e data. Pode ver-se que os desvios parecem estar espalhados aleatoriamente pela tabela, sem que nenhuma data ou parcela em particular apresente mais resultados anómalos do que qualquer outra. Por conseguinte, o corte de junho não parece estar a aumentar a probabilidade de resultados anómalos. Também se pode ver que, com a notável exceção da parcela 39, todas as parcelas cortadas em junho registaram uma diminuição do número de insectos após o corte de junho.

Quadro 17: Número total de insectos por parcela e por visita de inspeção

June cut								
Survey Date	**24-Apr**	**15-May**	**04-Jun**	**27-Jun**	**18-Jul**	**08-Aug**	**29-Aug**	**19-Sep**
Plot 6	5	12	4	0	1	2	1	2
Plot 28	14	19	47	8	6	4	6	1
Plot 32	6	20	12	11	4	17	15	5
Plot 39	21	19	17	34	11	22	18	10
Plot 45	5	11	15	10	4	3	8	6
September cut								
Survey Date	**24-Apr**	**15-May**	**04-Jun**	**27-Jun**	**18-Jul**	**08-Aug**	**29-Aug**	**19-Sep**
Plot 4	42	40	36	82	25	27	14	4
Plot 12	15	56	45	77	30	32	4	5
Plot 19	48	72	68	111	23	12	16	5
Plot 23	20	45	17	36	26	15	13	1
Plot 40	11	55	52	99	42	69	18	2

Legenda: Azul = resultados inferiores aos esperados; Vermelho = resultados superiores aos esperados

As figuras 8a a 8f (abaixo) mostram os mesmos resultados do IC de 95%, mas aplicados a cada grupo taxonómico individual de insectos e para cada mês de corte. Mais uma vez, a grande maioria dos resultados está dentro do IC de 95%, mas há algumas excepções. Na maioria destes casos, o número de insectos contados parece ser superior ao máximo de 95%. Isto parece dever-se à abundância localizada de espécies específicas de insectos em parcelas específicas em dias específicos.

A referência aos dados em bruto (as folhas originais do levantamento) parece indicar que, no que se refere aos *hemípteros*, o inseto dos prados *Myrmus miriformis (Rhoplaidae)*, localmente abundante na parcela 39, parece ser responsável pelo elevado número de *hemípteros* nas visitas de estudo de 27 de junho e 8 de agosto. Da mesma forma, a elevada contagem de *Coleoptera* (joaninhas) em 27 de junho e 8 de agosto nas parcelas 39 e 40, respetivamente, parece estar relacionada com as congregações de joaninha de 16 manchas *Tytthaspis sedecempunctata.* De acordo com Roy, *et al.* (201 lb), esta última espécie apresenta uma tendência para se agregar.

Para os *Orthoptera*, os valores do IC 95% são notavelmente baixos, o que significa uma variação muito pequena dos números dentro das parcelas, a partir das visitas de 27 de junho. Antes de 27 de junho, os valores do IC 95% são muito mais elevados nas parcelas cortadas em setembro. Isto indica uma maior variação entre as parcelas individuais. Na visita de 4 de junho, as parcelas cortadas em junho, especialmente a parcela 28, também apresentam valores elevados de IC 95%. Tudo isto parece dever-se à abundância de ninfas do grilo do mato *Leptophyes punctassima (Tettigonidae).* De acordo com Baldock (1999), os leitos de urtiga são o habitat preferido desta espécie. Por conseguinte, a variação pode dever-se à amostragem aleatória de urtigas jovens. Em retrospetiva, talvez tivesse sido preferível contar apenas os gafanhotos *Acrididae* e ignorar outras espécies de *Orthoptera*.

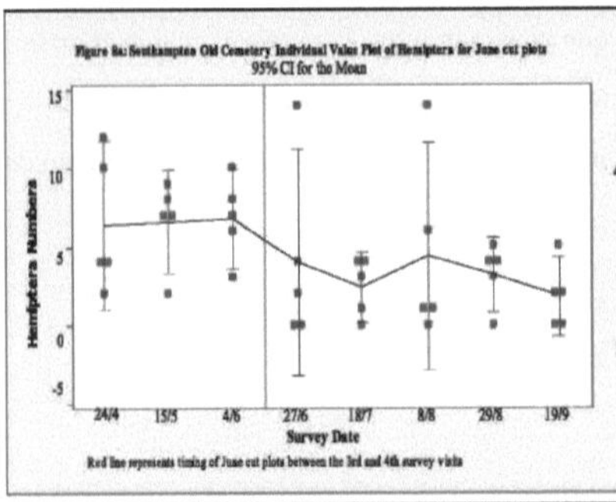

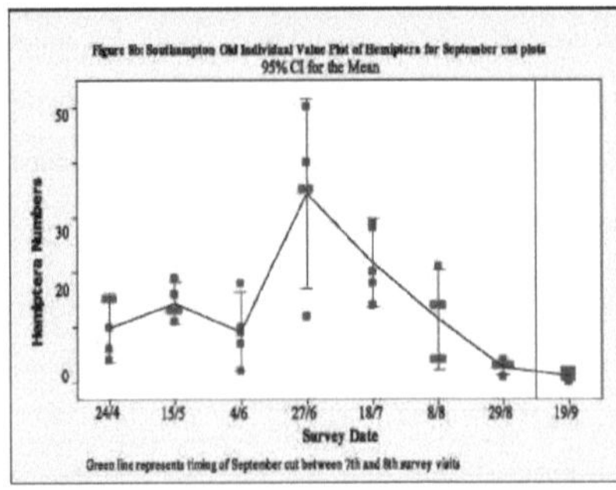

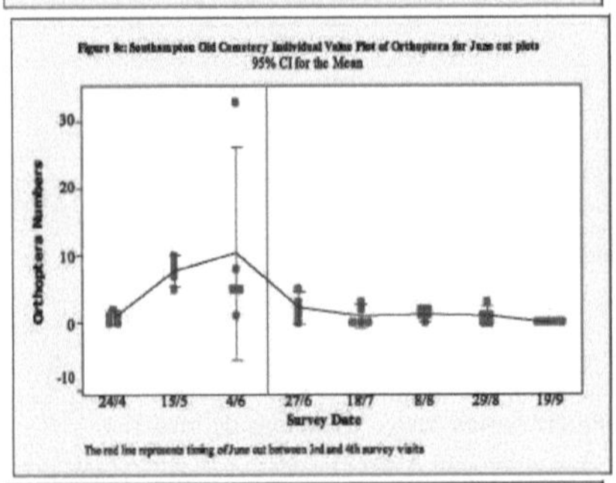

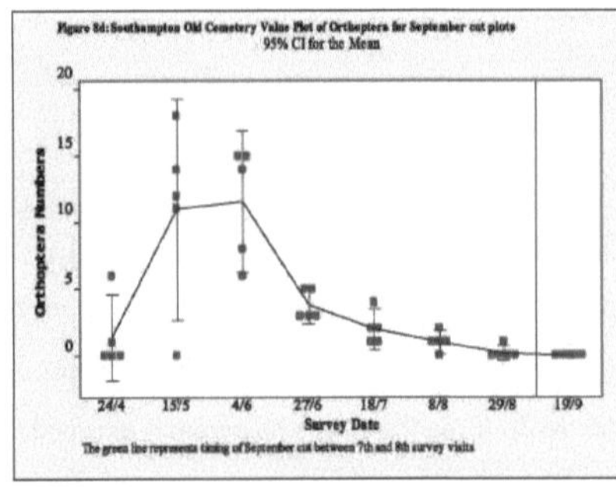

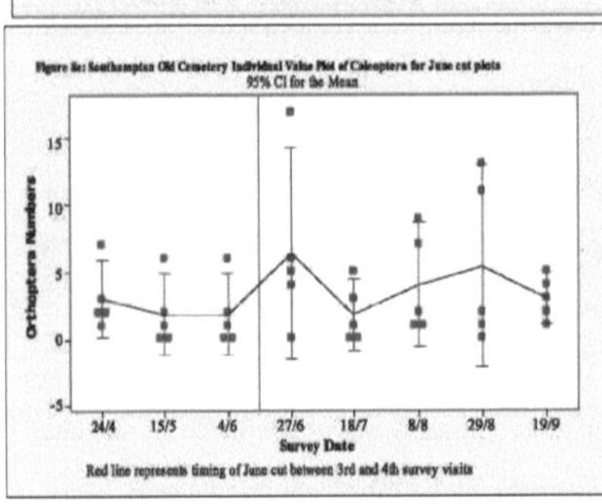

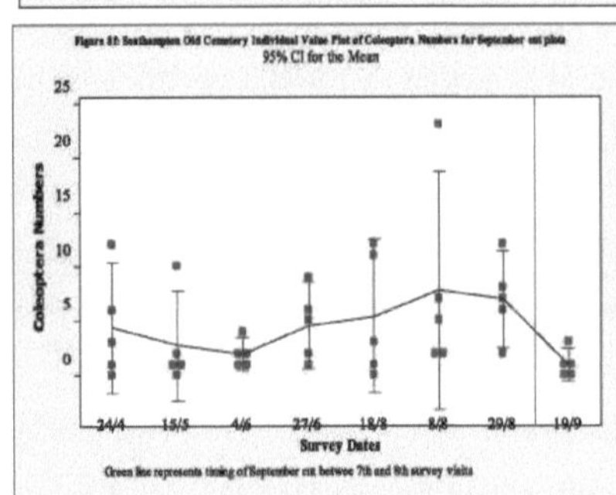

Voltando à anomalia apresentada na figura 5, em que o número de insectos nas parcelas cortadas em setembro aumentou acentuadamente após o corte de junho, verificou-se que este aumento também se verificou nos números de *Coleoptera* (ver figura 6b) e *de Hemiptera* (ver figura 6c), mas os números de *Orthoptera* (ver figura 6a) apresentaram a queda esperada dos números após o corte. Foi também observado que a maior parte deste aumento inesperado se deveu aos números de *Hemiptera*. A figura 8f parece também mostrar que os números *de Coleoptera* continuaram a aumentar, ao passo que os números *de Hemiptera* (ver figura 8b) registaram uma descida acentuada em 18 de julho e continuaram a diminuir.

Uma vez que estas anomalias se verificaram nas parcelas cortadas em setembro, ou foram causadas por factores independentes do corte de junho ou foram um efeito indireto do corte de junho, causado por insectos que migraram das parcelas cortadas para as não cortadas. No entanto, esta última explicação é altamente improvável, pois existem demasiadas outras parcelas (parcelas cortadas em meses diferentes de junho ou setembro) para as quais os insectos sobreviventes se poderiam deslocar.

Parece, pois, que os factores que causam a anomalia nas parcelas cortadas em setembro não estão relacionados com o corte de junho e há duas possibilidades principais, que podem aplicar-se apenas aos *Coleoptera*, apenas aos *Hemiptera* ou a ambos em conjunto. Estes factores são as condições meteorológicas e a variação sazonal natural dos números. Para os *Coleoptera*, esta última parece ser uma explicação adequada, mas para os *Hemiptera* o clima pode ser um fator mais importante.

O quadro 5 mostra que a temperatura era de 26-27° Celsius nas 3^{r} d e 4.ª visitas de estudo, mas tinha descido para apenas 17° Celsius na 5.ª visita de estudo, em 18 de julho. Este facto, combinado com o início da estação devido à primavera quente e seca, poderia facilmente explicar o pico na 4ª visita seguido de uma queda acentuada. No entanto, deveria ter havido um maior número de *Hemiptera* na visita de estudo de 3^{r} d, em 4 de junho, se o clima fosse o principal fator a operar. A verdadeira anomalia parece então ser o baixo número de *Hemiptera* nesta terceira visita de inspeção. No entanto, uma vez que o número total de *Hemiptera* em qualquer uma das parcelas antes de 27 de junho era muito baixo (ver figuras 8a e 8b), seria difícil justificar estatisticamente quaisquer conclusões sobre estas anomalias.

4.4.2. Dados entomológicos Análise estatística

O método estatístico considerado mais adequado para os dados entomológicos é o teste do qui-quadrado, tal como descrito em Fowler, J *et al.* (1998c). Os testes do qui-quadrado são por vezes definidos como testes de aleatoriedade, frequência ou associação. São normalmente utilizados quando uma frequência observada é comparada com um resultado esperado com base numa hipótese nula (Fowler, J *et al.*, 1998c). Neste caso, a hipótese nula é recordada da seguinte forma:

HO (Hipótese nula): os regimes de corte sazonais não têm influência na abundância de grupos de insectos selecionados em parcelas de prados no antigo cemitério de Southampton

Um exemplo de como o teste do qui-quadrado é realizado é mostrado na tabela 18 para o número total de insectos no Cemitério Velho de Southampton. Na parte inferior do quadro encontra-se o valor do resultado crucial para a probabilidade (p). Esta operação foi repetida para os números *de Orthoptera*, *Hemiptera* e *Coleoptera* e os valores p resultantes de todos os testes estão resumidos no quadro 19. Como se pode ver no quadro 18, os valores esperados do número de insectos são calculados com base nos totais observados. Os valores esperados calculados a partir de visitas individuais são então comparados com os resultados observados.

Quadro 18: Análise do qui-quadrado do número total de insectos (por data de inquérito para o cemitério antigo de Southampton)

SITE NAME: Southampton Old Cemetery, Southampton, Hampshire									
YEAR: 2011	**MONTH OF CUTTING: September**								
DATE OF SURVEY	**24/4**	**15/5**	**04/6**	**27/6**	**18/7**	**08/8**	**29/8**	**19/9**	**Total**
Orthoptera: Total	7	55	58	19	10	5	1	0	**155**
Hemiptera: Total	50	72	46	172	109	53	14	6	**522**
Coloeoptera: Coccinellidae: Total	22	14	10	23	27	39	35	5	**175**
All insects: Total	79	141	114	214	146	97	50	11	**852**
YEAR: 2011	**MONTH OF CUTTING: June**								
Orthoptera: Total	4	39	52	11	5	6	5	0	**122**
Hemiptera: Total	32	33	34	20	12	22	16	15	**184**
Coloeoptera: Coccinellidae: Total	15	9	9	32	9	20	27	20	**141**
All insects: Total	51	81	95	63	26	48	48	35	**447**

Chi Square Test

Observed

All insects: Total	24/4	15/5	04/6	27/6	18/7	08/8	29/8	19/9	Total
September	79	141	114	214	146	97	50	11	852
June	51	81	95	63	26	48	48	35	447
Total	130	222	209	277	172	145	98	46	1299

Expected

All insects: Total	24/4	15/5	04/6	27/6	18/7	08/8	29/8	19/9	Total
September	85	146	137	182	113	95	64	30	852
June	45	76	72	95	59	50	34	16	447
Total	130	222	209	277	172	145	98	46	1299

p=	0.2474	0.51511	0.00078	4E-05	1E-07	0.7403	0.0024	3E-09

O processo da Tabela 18 já calculou o Qui-quadrado (%2) a partir dos valores e teve em conta que existem oito conjuntos de resultados ou sete graus de liberdade *(df)*. Os valores p assim obtidos correspondem à probabilidade ou nível de significância. Quanto mais elevado for o valor p, mais próximo está o resultado observado do resultado esperado e vice-versa. Um valor p >0,05 indica uma boa correlação estatística entre os resultados previstos e observados e parece apoiar a hipótese nula, ao passo que um valor p <0,05 é menos significativo, revela uma correlação fraca e, nestes casos, a hipótese nula pode ser rejeitada.

O quadro 19 mostra que os valores p resultantes variam consideravelmente tanto entre as diferentes visitas de estudo como entre os diferentes grupos taxonómicos, o que significa que não se pode aplicar um apoio ou rejeição global à hipótese nula.

Tratando cada grupo taxonómico separadamente, verifica-se que todos os valores de p de *Orthoptera* são >0,05, exceto no caso da visita de prospeção de 19 de setembro, em que o valor é zero, uma vez que não foram registados *Orthoptera*. Por conseguinte, para os *Orthoptera* (gafanhotos e grilos), parece haver pouco efeito nos números devido aos diferentes regimes de ceifa.

Tabela 19: Análise de Chi-sauare do número de insectos por data de inquérito

SITE NAME: Southampton Old Cemetery, Southampton, Hampshire								
YEAR: 2011								
DATE OF SURVEY	**24/4**	**15/5**	**04/6**	**27/6**	**18/7**	**08/8**	**29/8**	**19/9**
Chi Squared Test p-values								
Orthoptera	0.6079	0.6179	0.4951	0.4157	0.4034	0.4829	0.0525	0.0000
Hemiptera	0.0075	0.2103	0.0008	<0.0001	<0.0001	0.5187	0.0007	<0.0001
Coloeoptera: Coccinellidae	0.6176	0.5964	0.8096	0.0430	0.0179	0.0976	0.8652	0.0004
All insects	**0.2474**	**0.5151**	**0.0008**	**<0.0001**	**<0.0001**	**0.7403**	**0.0024**	**<0.0001**

No caso dos *Hemiptera* (insectos), a maioria dos valores de p <0,05, pelo que parece haver um efeito significativo no número de indivíduos causado pela variação do regime de ceifa. No caso dos *Coleoptera: Coccinellidae* (joaninhas), a maioria dos valores de p são novamente >0,05, pelo que parece não haver efeito sobre o número de indivíduos devido ao regime de ceifa durante a maior parte da estação. No entanto, os valores <0,05 para as visitas de 27 de junho e 18 de julho (após o
Foram registados cortes de junho e houve valores p baixos correspondentes para *Hemiptera* também nestas duas visitas de estudo, sugerindo que o corte de junho afectou certamente os números destes dois grupos taxonómicos.

Para o total de insectos, as duas primeiras visitas de observação de 24 de abril e 15 de maio, e também a de 8 de agosto, mostraram p>0,05, mas outros resultados p<0,05. Daqui se depreende que os números "naturais" de insectos nos prados tinham "recuperado" dos cortes do ano anterior na primavera. Também estabilizaram temporariamente em agosto, mas é evidente que o regime de ceifa afecta profundamente o número de insectos dos prados em geral.

Um problema remanescente é que o valor de p<0,0005 para a visita de 19 de setembro, mas o número de insectos contados nesta visita foi excecionalmente baixo, provavelmente devido a uma combinação do mau tempo recente e do corte tardio. Os valores foram recalculados ignorando os resultados de setembro para ver se isso faria alguma diferença nos valores de p obtidos. No entanto, observou-se muito pouca diferença nos valores de p após este processo e não há vantagem em mostrar estes resultados

De um modo geral, parece que o número de *Orthoptera* não é significativamente afetado pelo regime de ceifa dos prados no Cemitério Velho de Southampton, mas que tanto *os Hemiptera* como *os Coleoptera* são afectados negativamente. Uma vez que, em conjunto, estes grupos representam cerca de 80% do número total de insectos, a abundância global dos insectos das pastagens selecionadas também é afetada pelo atual regime de ceifa.

CAPÍTULO 5

Conclusões

Tal como referido na Introdução (supra), a principal linha de investigação consistia em provar ou refutar a hipótese nula de que não existe uma relação estatística entre a abundância de certos grupos (ordens ou famílias) de insectos e a época do ano (ou seja, o mês) em que uma parcela do Cemitério Velho de Southampton recebe o seu corte anual. Apenas dez das 46 parcelas foram consideradas, sendo cinco parcelas cortadas em junho e cinco parcelas cortadas em setembro. Além disso, a investigação centrou-se nos *Orthoptera* (gafanhotos e grilos), *Hemiptera* (insectos) e *Coleoptera* (joaninhas), uma vez que estes eram relativamente fáceis de contar nos prados.

Foram eliminadas várias variáveis no decurso deste estudo (ver quadro 13) e verificou-se que as únicas variáveis que poderiam ter afetado os resultados, para além da hora de corte e do número de insectos, eram as condições meteorológicas prevalecentes e a composição da vegetação. Verificou-se que existia uma relação estatística entre a direção do vento e o número de *Orthoptera*, ou seja, foram contados mais *Orthoptera* quando o vento era de leste ou de sul. Nessas alturas, o tempo estava correspondentemente seco e quente. No entanto, não foram identificadas outras ligações claras entre o número de insectos e factores meteorológicos específicos. Também não foi possível estabelecer uma relação entre o número de insectos e a composição da vegetação. Isto, por sua vez, deveu-se à dificuldade de estabelecer o tipo de vegetação NVC numa comunidade muito mista e parcialmente artificial.

Foi encontrada uma relação estatística entre o número de insectos e os efeitos do corte de junho. No entanto, foi difícil estabelecer a importância do corte de setembro, uma vez que qualquer efeito devido a este pode ter sido mascarado pelo corte de junho. No entanto, o corte de setembro parece ter afetado os resultados da visita de estudo final.

Verificou-se que o corte de junho afectou negativamente o número de *Hemiptera* (insectos) e *Coloeoptera* (joaninhas), mas não o de *Orthoptera* (grilos e gafanhotos).

Por conseguinte, exceto no caso dos *Orthoptera,* a hipótese nula original pode ser rejeitada e a hipótese de que o número, ou seja, a abundância, de insectos no antigo cemitério de Southampton é afetado pelo regime de ceifa sazonal é apoiada. Os efeitos do atual regime de ceifa sobre os insectos tendem a ser de curto prazo e, num período mais longo, o número de insectos regressa a um equilíbrio natural.

Foram efectuadas algumas pesquisas para tentar comparar os resultados do presente estudo com outras investigações semelhantes. Infelizmente, não foram encontrados estudos semelhantes, uma vez que o regime de ceifa no Cemitério Velho de Southampton representa uma técnica de gestão particularmente invulgar. Além disso, é difícil comparar a composição invulgar da vegetação de um cemitério antigo com a de habitats semi-naturais mais típicos.

Em termos de gestão futura, parece que o atual regime de gestão não é prejudicial para o número de insectos e que deve ser mantido na medida em que os recursos o permitam. Só se recomendaria a repetição do estudo atual se houvesse qualquer alteração significativa do regime de gestão ou indícios visuais de perda ou deterioração dos prados.

CAPÍTULO 6

Lista de referências

Asher, J *et al* (2011) *The Millenium A tlas of Butterflies of Britain and Ireland.* Oxford University Press.

Baldock, D.W. (1999) *Grasshoppers and Crickets of Surrey.* Surrey Wildlife Trust. Chinery,

M. (2007) *Insects of Britain and Western Europe: Revised Edition.* Harper Collins, Londres.

Sociedade da Cidade de Southampton (1980) *Southampton Common: 3. Natural History: Notas Gerais - Patricia Loxton; p 59*

FoSOC (201 la) *Cemitério Velho de Southampton: História do Cemitério Velho de Southampton* Disponível em: http://fosoc.net/html/southampton old cemetery.html (Acedido em 17 de outubro de 2011)

FoSOC (201 lb) *Friends of Southampton Old Cemetery* Disponível em: http://www.fosoc.org/ (Acedido em 17 de outubro de 2011)

Fowler, J *et al.* (1998a) *Practical Statistics for Field Biology: Segunda Edição: Capítulo 14; Measuring Correlations, pp!30-135.* John Wiley & Sons Ltd., Chichester, West Sussex.

Fowler, J *et al.* (1998b) *Practical Statistics for Field Biology: Segunda edição: Capítulo 11; How Good Are Our Estimates?, pp 92-95.* John Wiley & Sons Ltd., Chichester, West Sussex.

Fowler, J *et al.* (1998c) *Practical Statistics for Field Biology: Segunda Edição: Capítulo 13; Analysing Frequencies, pp 111-115.* John Wiley & Sons Ltd., Chichester, West Sussex.

HBIC (Data do inquérito: 22 de julho de 2002) *Acid/Neutral Grassland - Hampshire (Formulário de registo); Nome do sítio: Old Cemetery, Southampton.* HBic (Centro de Informação sobre Biodiversidade de Hampshire)

Hill, M.O. (1996) *TABLEFIT versão 1.0, para identificação de tipos de vegetação.* Instituto de Ecologia Terrestre, Huntingdon.

McGavin, G.C. (2007) *Expedition Field Techniques: INSECTS and other terrestrial arthropods.* Royal Geographical Society, Londres.

Met Office (2012) *Médias de Inglaterra 1971-2000: SE e Centro Sul de Inglaterra 1971- 2000 Média.* Disponível em: http://www.metoffice.gov.uk/climate/uk/averages/19712000/area/england

Software Minitab® (2011), *Minitab 161.1 (também conhecido como Minitab MUL)*

Neighbourhood Services (janeiro de 2010) *Southampton Common (incluindo The Old Cemetery): Plano de Gestão da Bandeira Verde 2010-2013, pp 19-20.* Serviços de vizinhança: Câmara Municipal de Southampton.

Poland, J. & Clement, E. J. (2009) *The Vegetative Key to the British Flora.* John Poland, Southampton.

Rihan, J. (agosto de 1987) *Lista de espécies: Cemitério Velho de Southampton.* Southampton Common Studies Centre (atualmente Hawthorns Urban Wildlife Centre)

Rodwell, J.S. (1998) *British Plant Communities Volume 3: Grasslands and Montane Communities: Key to Mesotrophic Grasslands; p 26.* Cambridge University Press.

Rodwell, J.S. (2006a) *National Vegetation Classifiation: User's Handbook; pp 43-45.* Comité Conjunto de Conservação da Natureza, Peterborough.

Rodwell, J.S. (2006b) *National Vegetation Classifiation: User's Handbook; p 38.* Comité Conjunto de Conservação da Natureza, Peterborough.

Rodwell, J.S. (2006c) *National Vegetation Classifiation: User's Handbook; p 20.* Comité Conjunto de Conservação da Natureza, Peterborough.

Rodwell, J.S. (2006d) *National Vegetation Classifiation: User's Handbook; pp 47-49.* Comité Conjunto de Conservação da Natureza, Peterborough.

Roy, H.E., *et al.* (2011a) *Ladybirds (Coccinellidae) of Britain and Ireland; Life Cycle: pp 6-8.* FSC Publications, Shrewsbury.

Roy, H.E., *et al.* (2011b) *Ladybirds (Coccinellidae) of Britain and Ireland; 16-spot Ladybird: pp 52-54.* FSC

Publications, Shrewsbury.

Conselho Municipal de Southampton: Comissão dos Serviços da Cidade (2010a) (Relatórios internos: actas de 5 de março e 18 de abril de 1990) *Leisure and Community Action: Southampton Old Cemetery (Cemitério Velho de Southampton).* Southampton.

Conselho Municipal de Southampton: Comissão dos Serviços Urbanos (2010b) (Relatórios internos: Actas de 10 e 11 de dezembro de 1990) *Comissão do Lazer: Southampton Old Cemetery - Revised Grounds Maintenance Specification (Cemitério Velho de Southampton - Especificação revista de manutenção dos terrenos).* Southampton.

Câmara Municipal de Southampton (2011): *Southampton Old Cemetery showing management plan (Plano de gestão do antigo cemitério de Southampton).* Disponível em: http://www. Southampton. gov.uk/Images/Mowing%20map tcm46 1 88492.pdf (Acedido em 17 de outubro de 2011)

Southampton Weather (2012a) *Histórico meteorológico diário/mensal desta estação.* Disponível em: http://www.southamptonweather.co.uk/wxhistory (Acedido em 30 de janeiro de 2012).

Southampton Weather (2012b) *Southampton Monthly Historical Weather Data from the years 1855 to 2012.* Disponível em: http://www.southamptonweather.co.uk/sotonhist.php (Acedido em 30 de janeiro de 2012).

Stace, C. (1997) *New Flora of the British Isles: Segunda edição.* Cambridge University Press.

UK Butterfly Monitoring Scheme (2010) *Methods of recording butterfly transects (Métodos de registo de transectos de borboletas).* Disponível em: http://www.ukbms.org/methods.htm (Acedido em 6 de agosto de 2011)

Velecky, L. (2000) *Protect it now: A History of Southampton Commons and Parks Protection Society, pp 107-111.* SCAPPS (Sociedade de Proteção dos Parques e Bens Comuns de Southampton)

Watkins & Doncaster (outubro de 2010) *Watkins & Doncaster, the Naturalists (catálogo) pp 3 (item E679).* Watkins & Doncaster, Hawkhurst, Kent.

Apêndices

Appendix I: Espécies de insectos encontradas durante o levantamento entomológico

Appendix 1: Insect species found during Entomological Survey at Southampton Old Cemetery 2011

Group/Taxon	Vernacular Name	Site
Orthoptera: Acrididae		
Chorthippus parallelus (Zetterstedt, 1821)	Meadow Grasshopper	Widespread and common
Omocestus viridulus (Linnaeus, 1758)	Common Green Grasshopper	Widespread and common
Orthoptera: Tettigonidae		
Conocephalus discolor (Thunberg, 1815)	Long-winged Conehead	Widespread and common
Leptophyes punctatissima (Bosc, 1792)	Speckled Bush Cricket	Widespread and common
Metrioptera roeselii (Hagenbach, 1822)	Roesel's Bush Cricket	Widespread and common
Hemiptera: Pentatomidae		
Aelia acuminata (Linnaeus, 1758)	Bishop's Mitre Shield Bug	Mainly Plot 39 & Plot 40
Dolycoris baccarum (Linnaeus, 1758)	Hairy Shield Bug	Widespread but uncommon
Eurygaster testudinaria (Geoffroy, 1785)	Tortoise Shield Bug	Widespread but uncommon
Eysarcoris fabricii (Kirkaldy, 1904)	Woundwort Shield Bug	Seen in Plot 23
Neottiglossa pusilla (Gmelin, 1789)	Small Grass Shield Bug	Common in Plot 32 & Plot 40
Palomena prasina (Linnaeus, 1761)	Common Green Shield Bug	Widespread and common
Pentatoma rufipes (Linnaeus, 1758)	Red-legged Shield Bug	Widespread and common
Hemiptera: Coreidae		
Coreus marginatus(Linnaeus, 1758)	Dock (Blackberry) Bug	Widespread and common
Hemiptera: Rhopalidae		
Myrmus miriformis (Fallen, 1807)	No English Name	Common in Plots 32, 39, 40 & 45.
" "	" " "	Also recorded in Plot 19 & Plot 28
Hemiptera: Nabidae		
Nabis ferus (Linnaeus, 1758)	Field Damsel Bug	Widespread but uncommon
Nabis rugosus (Linnaeus, 1758)	Common Damsel Bug	Widespread but uncommon
Hemiptera: Miridae		
Calocoris stysi (Wagner, 1968)	No English Name	Recorded in Plot 19
Capsus ater (Linnaeus, 1758)	No English Name	Widespread and common
Deraeocoris lutescens (Schilling, 1837)	No English Name	Recorded in Plot 4
Dicyphus errans (Wolff, 1804)	No English Name	Recorded in Plot 12
Harpocera thoracica (Fallen, 1807)	No English Name	Uncommon
Kleidocerys resedae (Panzer, 1797)	Birch Seed Bug	Widespread but uncommon
Leptopterna dolabrata (Linnaeus, 1758)	Common Meadow Plant Bug	Widespread and common
Liocoris tripustulatus (Fabricius, 1781)	No English Name	Common amongst nettles
Notostira elongata(Geoffroy, 1785)	No English Name	Widespread and common

Group/Taxon	Vernacular Name	Site
Hemiptera: Miridae		
Pithanus maerkelii (Herrich-Schaffer, 1838)	No English Name	Recorded in Plot 12 & Plot 23
Plinthisus brevipennis (Latreille, 1807)	No English Name	Recorded in Plot 28. An uncommon species.
Stenotus binotatus (Fabricius, 1794)	No English Name	Recorded in Plot 4 & Plot 28
Hemiptera: Lygaeidae		
Drymus brunneus (Sahlberg, 1848)	No English Name	Widespread but uncommon
Coleoptera: Coccinellidae		
Adalia decempunctata (Linnaeus, 1758)	10-spot Ladybird	Widespread but uncommon
Chilocorus renipustulatus (Scriba, 1791)	Kidney-spot Ladybird	Uncommon
Coccinella septempunctata (Linnaeus, 1758)	7-spot Ladybird	Widespread and common
Harmonia axyridis (Pallas, 1773)	Harlequin Ladybird	Widespread and common
Propylea quattuordecimpunctata (Linnaeus, 1758)	14-spot Ladybird	Widespread in small numbers
Psyllobora vigintiduopunctata (Linnaeus, 1758)	22-spot Ladybird	Widespread in small numbers
Rhyzobius litura (Fabricius, 1787)	No English Name	Widespread and common, especially in Plot 40
Subcoccinella vigintiquattuorpunctata (Linnaeus, 1758)	24-spot Ladybird	Widespread and common
Tytthaspis sedecimpunctata (Linnaeus, 1761)	16-spot Ladybird	Widespread and common

Appendix II: Plantas vasculares registadas por parcela

Appendix 2a: Vascular Plant Recording Form 1			
Site: Southampton Old Cemetery		Parish: Southampton	
Plot Number: 4		OS Grid Reference of Plot: SU 4124 1351	
Plot Area: 0.1494 hectares		Month of Cut: September	
Date(s) of NVC Survey: 28.8.10 & 23.3.11		Date of Full Species (FS) Survey: 6.9.10	
A = No. of Species in NVC Survey: 40		B = No. of Additional Species: 14	
C = Total Species = A + B: 54		% Species picked up on NVC = A/C x100%: 74.1%	
List of Species Recorded			
Taxon*	**Species**	**Recorded in NVC**	**Additional Species in FS**
Achillea millefolium	Yarrow	Yes	
Aegopodium podagraria	Ground-elder	Yes	
Agrostis sp.	Bent-grass sp.	Yes	
Alopecurus pratensis	Meadow Foxtail	Yes	
Anemone nemorosa	Wood Anemone	Yes	
Arrhenatherum elatius	False-oat Grass	Yes	
Arum maculatum	Wild Arum	Yes	
Calystegia sepium	Hedge Bindweed	Yes	
Cardamine pratensis	Lady's Smock	Yes	
Carex hirta	Hairy Sedge	Yes	
Carex sylvatica	Wood Sedge	Yes	
Conopodium majus	Pignut	Yes	
Dactylis glomerata	Cock's-foot Grass	Yes	
Equisetum arvense	Field Horsetail	Yes	
Festuca rubra agg.	Red Fescue	Yes	
Galium aparine	Goosegrass	Yes	
Geum urbanum	Wood Avens	Yes	
Hedera helix	Ivy	Yes	
Heracleum sphondylium	Hogweed	Yes	
Holcus lanatus	Yorkshire Fog	Yes	
Hyacinthoides x massartiana	Hybrid Bluebell	Yes	
Ilex aquilifolium	Holly	Yes	
Lathyrus pratensis	Meadow Vetchling	Yes	
Lotus corniculatus	Bird's-foot Trefoil	Yes	
Plantago lanceolata	Ribwort Plantain	Yes	
Potentilla reptans	Creeping Cinquefoil	Yes	
Potentilla sterilis	Barren Strawberry	Yes	
Primula vulgaris	Primrose	Yes	
Quercus cerris	Turkey Oak	Yes	
Quercus robur	Pedunculate Oak	Yes	
Ranunculus repens	Creeping Buttercup	Yes	
Rubus fruticosus agg.	Bramble	Yes	
Rumex acetosa	Common Sorrel	Yes	
Rumex obtusifolius	Broad-leaved Dock	Yes	
Sambucus nigra	Elder	Yes	
Taraxacum officinale agg.	Dandelion	Yes	
Taxus baccata	Yew	Yes	
Urtica dioica	Stinging Nettle	Yes	
Veronica chamaedrys	Bird's-eye Speedwell	Yes	
Viola riviniana	Common Dog Violet	Yes	
Agrimonia eupatoria	Agrimony	No	Yes
Anthrisus sylvestris	Cow Parsley	No	Yes
Brachypodium sylvaticum	Wood False-brome	No	Yes
Centaurea nigra	Common Knapweed	No	Yes
Circaea lutetiana	Enchanter's Nightshade	No	Yes
Crataegus monogyna	Hawthorn	No	Yes
Dryopteris filix-mas	Male Fern	No	Yes
Elytrigia repens	Common Couch-grass	No	Yes
Fraxinus excelsior	Ash	No	Yes
Leontodon hispidus	Greater Hawkbit	No	Yes
Pilosella officinarum	Mouse-ear Hawkweed	No	Yes
Rosa canina agg.	Dog Rose	No	Yes
Trifolium pratense	Red Clover	No	Yes
Trifolium repens	White Clover	No	Yes
*Names checked against Stace, C. (1997) *'New Flora of the British Isles: 2nd Edition.'* Cambridge University Press.			

Appendix 2b: Vascular Plant Recording Form 2			
Site: Southampton Old Cemetery		**Parish: Southampton**	
Plot Number: 6		**OS Grid Reference of Plot:** SU 4122 1357	
Plot Area: 0.2038 hectares		**Month of Cut:** June	
Date(s) of NVC Survey: 31.8.10 & 24.3.11		**Date of Full Species (FS) Survey:** 6.9.10	
A = No. of Species in NVC Survey: 37		**B = No. of Additional Species:** 24	
C = Total Species = A + B: 61		**% Species picked up on NVC = A/C x100%:** 60.7%	
List of Species Recorded			
Taxon*	**Species**	**Recorded in NVC Survey**	**Additional Species in FS Survey**
Aegopodium podagraria	Ground-elder		
Agrostis sp.	Bent-grass sp.	Yes	
Anemone nemorosa	Wood Anemone	Yes	
Arrhenatherum elatius	False-oat Grass	Yes	
Arum maculatum	Wild Arum	Yes	
Brachypodium sylvaticum	Wood False-brome	Yes	
Calystegia sepium	Hedge Bindweed	Yes	
Circaea lutetiana	Enchanter's Nightshade	Yes	
Conopodium majus	Pignut	Yes	
Crocus vernus	Spring Crocus	Yes	
Dactylis glomerata	Cock's-foot Grass	Yes	
Equisetum arvense	Field Horsetail	Yes	
Fragaria vesca	Wild Strawberry	Yes	
Fraxinus excelsior	Ash	Yes	
Geranium robertianum	Herb Robert	Yes	
Geum urbanum	Wood Avens	Yes	
Hedera helix	Ivy	Yes	
Heracleum sphondylium	Hogweed	Yes	
Holcus lanatus	Yorkshire Fog	Yes	
Hyacinthoides x massartiana	Hybrid Bluebell	Yes	
Ilex aquilifolium	Holly	Yes	
Lathyrus pratensis	Meadow Vetchling	Yes	
Narcissus sp.	Daffodil sp.	Yes	
Primula vulgaris	Primrose	Yes	
Quercus ilex	Holm Oak	Yes	
Quercus robur	Pedunculate Oak	Yes	
Ranunculus ficaria	Lesser Celandine	Yes	
Rubus fruticosus agg.	Bramble	Yes	
Rubus idaeus	Raspberry	Yes	
Rumex acetosa	Common Sorrel	Yes	
Rumex sanguineus	Red-veined Dock	Yes	
Stachys sylvatica	Hedge Woundwort	Yes	
Taraxacum officinale agg.	Dandelion	Yes	
Taxus baccata	Yew	Yes	
Viburnum tinus	Lauristinus	Yes	
Viola riviniana	Common Dog Violet	Yes	
Achillea millefolium	Yarrow	No	Yes
Anthrisus sylvestris	Cow Parsley	No	Yes
Capsella bursa-pastoris	Shepherd's Purse	No	Yes
Centaurea nigra	Common Knapweed	No	Yes
Cirsium arvense	Creeping Thistle	No	Yes
Crataegus monogyna	Hawthorn	No	Yes
Dryopteris filix-mas	Male Fern	No	Yes
Elytrigia repens	Common Couch-grass	No	Yes
Festuca rubra agg.	Red Fescue	No	Yes
Hieraceum sp.	Hawkweed sp.	No	Yes
Hypochaeris radicata	Common Cat's-ear	No	Yes
Lathyrus latifoliius	Broad-leaved Everlasting Pea	No	Yes
Leontodon hispidus	Greater Hawkbit	No	Yes
Lotus corniculatus	Bird's-foot Trefoil	No	Yes
Pimpinella saxifraga	Burnet-saxifrage	No	Yes
Plantago lanceolata	Ribwort Plantain	No	Yes
Polygonum aviculare	Common Knotweed	No	Yes
Potentilla sterilis	Barren Strawberry	No	Yes
Rumex obtusifolius	Broad-leaved Dock	No	Yes
Solanum dulcamara	Bittersweet	No	Yes
Tamus communis	Black Bryony	No	Yes
Trifolium pratense	Red Clover	No	Yes
Ulmus procera	English Elm	No	Yes
Veronica chamaedrys	Bird's-eye Speedwell	No	Yes

*Names checked against **Stace, C.** (1997) *'New Flora of the British Isles: 2nd Edition.'* Cambridge University Press.

Appendix 2c: Vascular Plant Recording Form 3			
Site: Southampton Old Cemetery	Parish: Southampton		
Plot Number: 12		OS Grid Reference of Plot: SU 4129 1372	
Plot Area: 0.1977 hectares		Month of Cut: September	
Date(s) of NVC Survey: 28.8.10 & 23.3.11		Date of Full Species (FS) Survey: 6.9.10	
A = No. of Species in NVC Survey: 42		B = No. of Additional Species: 26	
C = Total Species = A + B: 68		% Species picked up on NVC = A/C x100%: 61.7%	
List of Species Recorded			
Taxon*	**Species**	**Recorded in NVC Survey**	**Additional Species in FS Survey**
Acer pseudoplatanus	Sycamore		
Aegopodium podagraria	Ground-elder	Yes	
Agrostis sp.	Bent-grass sp.	Yes	
Alopecurus pratensis	Meadow Foxtail	Yes	
Anthoxanthum odoratum	Sweet Vernal Grass	Yes	
Anthrisus sylvestris	Cow Parsley	Yes	
Arrhenatherum elatius	False-oat Grass	Yes	
Arum maculatum	Wild Arum	Yes	
Brachypodium sylvaticum	Wood False-brome	Yes	
Calystegia sepium	Hedge Bindweed	Yes	
Chamerion angustifolium	Rosebay	Yes	
Circaea lutetiana	Enchanter's Nightshade	Yes	
Cirsium arvense	Creeping Thistle	Yes	
Conopodium majus	Pignut	Yes	
Dactylis glomerata	Cock's-foot Grass	Yes	
Festuca rubra agg.	Red Fescue	Yes	
Galium aparine	Goosegrass	Yes	
Geranium robertianum	Herb Robert	Yes	
Geum urbanum	Wood Avens	Yes	
Glechoma hederacea	Ground-ivy	Yes	
Hedera helix	Ivy	Yes	
Heracleum sphondylium	Hogweed	Yes	
Holcus lanatus	Yorkshire Fog	Yes	
Hyacinthoides x massartiana	Hybrid Bluebell	Yes	
Ilex aquilifolium	Holly	Yes	
Lamium purpureum	Red Dead-nettle	Yes	
Lapsana communis	Nipplewort	Yes	
Potentilla sterilis	Barren Strawberry	Yes	
Primula vulgaris	Primrose	Yes	
Ranunculus ficaria	Lesser Celandine	Yes	
Rosa canina agg.	Dog Rose	Yes	
Rubus fruticosus agg.	Bramble	Yes	
Rumex acetosa	Common Sorrel	Yes	
Rumex sanguineus	Red-veined Dock	Yes	
Sambucus nigra	Elder	Yes	
Stachys officinalis	Betony	Yes	
Stachys sylvatica	Hedge Woundwort	Yes	
Taraxacum officinale agg.	Dandelion	Yes	
Taxus baccata	Yew	Yes	
Urtica dioica	Stinging Nettle	Yes	
Veronica chamaedrys	Bird's-eye Speedwell	Yes	
Viola riviniana	Common Dog Violet	Yes	
Achillea millefolium	Yarrow	No	Yes
Campanula rotundifolia	Harebell	No	Yes
Centaurea nigra	Common Knapweed	No	Yes
Cerastium glomeratum	Sticky Mouse-ear	No	Yes
Cirsium vulgare	Spear Thistle	No	Yes
Crepis capillaris	Smooth Hawk's-beard	No	Yes
Fraxinus excelsior	Ash	No	Yes
Hypericum x desetangsii	Des Etang's St John's-Wort	No	Yes
Lathyrus latifoliius	Broad-leaved Everlasting Pea	No	Yes
Leontodon hispidus	Greater Hawkbit	No	Yes
Lotus corniculatus	Bird's-foot Trefoil	No	Yes
Petasites fragrans	Winter Heliotrope	No	Yes
Plantago lanceolata	Ribwort Plantain	No	Yes
Plantago major	Greater Plantain	No	Yes
Poa annua	Annual Meadow Grass	No	Yes

Polygonum aviculare	Common Knotweed	No	Yes
Quercus robur	Pedunculate Oak	No	Yes
Ranunculus repens	Creeping Buttercup	No	Yes
Rubus idaeus	Raspberry	No	Yes
Rubus laciniatus	Cut-leaved Bramble	No	Yes
Rumex obtusifolius	Broad-leaved Dock	No	Yes
Senecio jacobaea	Common Ragwort	No	Yes
Solanum dulcamara	Bittersweet	No	Yes
Sonchus oleraceus	Smooth Sow-thistle	No	Yes
Sorbus aucuparia	Rowan	No	Yes
Trifolium pratense	Red Clover	No	Yes
Viola odorata	Sweet Violet	No	Yes
*Names checked against **Stace, C.** (1997) *'New Flora of the British Isles: 2nd Edition.'* Cambridge University Press.			

Appendix 2d: Vascular Plant Recording Form 4			
Site: Southampton Old Cemetery		Parish: Southampton	
Plot Number: 19		OS Grid Reference of Plot: SU 4132 1381	
Plot Area: 0.2436 hectares		Month of Cut: September	
Date(s) of NVC Survey: 24.8.10 & 23.3.11		Date of Full Species (FS) Survey: 6.9.10	
A = No. of Species in NVC Survey: 28		B = No. of Additional Species: 34	
C = Total Species = A + B: 62		% Species picked up on NVC = A/C x100%: 45.2%	
List of Species Recorded			
Taxon*	**Species**	**Recorded in NVC**	**Additional Species in FS**
Achillea millefolium	Yarrow	**Survey**	**Survey**
Aegopodium podagraria	Ground-elder	Yes	
Agrostis sp.	Bent-grass sp.	Yes	
Anemone nemorosa	Wood Anemone	Yes	
Anthoxanthum odoratum	Sweet Vernal Grass	Yes	
Anthrisus sylvestris	Cow Parsley	Yes	
Arrhenatherum elatius	False-oat Grass	Yes	
Cirsium arvense	Creeping Thistle	Yes	
Conopodium majus	Pignut	Yes	
Dactylis glomerata	Cock's-foot Grass	Yes	
Festuca rubra agg.	Red Fescue	Yes	
Galium aparine	Goosegrass	Yes	
Geranium robertianum	Herb Robert	Yes	
Hedera helix	Ivy	Yes	
Heracleum sphondylium	Hogweed	Yes	
Holcus lanatus	Yorkshire Fog	Yes	
Lathyrus pratensis	Meadow Vetchling	Yes	
Potentilla sterilis	Barren Strawberry	Yes	
Rosa gallica	Red Rose of Lancaster	Yes	
Rubus fruticosus agg.	Bramble	Yes	
Rumex acetosa	Common Sorrel	Yes	
Rumex acetosella	Sheep's Sorrel	Yes	
Rumex sanguineus	Red-veined Dock	Yes	
Stachys officinalis	Betony	Yes	
Taraxacum officinale agg.	Dandelion	Yes	
Ulmus minor agg.	Small-leaved Elm	Yes	
Veronica chamaedrys	Bird's-eye Speedwell	Yes	
Viola riviniana	Common Dog Violet	Yes	
Acer campestre	Field Maple	No	Yes
Acer pseudoplatanus	Sycamore	No	Yes
Bellis perennis	Lawn Daisy	No	Yes
Carex divulsa	Grey Sedge	No	Yes
Centaurea nigra	Common Knapweed	No	Yes
Crataegus monogyna	Hawthorn	No	Yes
Crocosmia x crocosmiiflora	Montbretia	No	Yes
Dryopteris filix-mas	Male Fern	No	Yes
Fagus sylvatica	Beech	No	Yes
Fraxinus excelsior	Ash	No	Yes
Geum urbanum	Wood Avens	No	Yes
Hyacinthoides x massartiana	Hybrid Bluebell	No	Yes
Hypochaeris radicata	Common Cat's-ear	No	Yes
Ilex aquilifolium	Holly	No	Yes
Leontodon autumnalis	Autumn Hawkbit	No	Yes
Lolium perenne	Perennial Rye Grass	No	Yes
Lotus corniculatus	Bird's-foot Trefoil	No	Yes
Pimpinella saxifraga	Burnet-saxifrage	No	Yes
Plantago lanceolata	Ribwort Plantain	No	Yes
Plantago major	Greater Plantain	No	Yes
Polygonum aviculare	Common Knotweed	No	Yes
Primula vulgaris	Primrose	No	Yes
Rosa canina agg.	Dog Rose	No	Yes
Rubus idaeus	Raspberry	No	Yes
Salix cinerea	Common Sallow	No	Yes
Sambucus nigra	Elder	No	Yes
Sisymbrium officinale	Hedge Mustard	No	Yes
Solanum dulcamara	Bittersweet	No	Yes
Solidago virgaurea	Goldenrod	No	Yes

Stachys sylvatica	Hedge Woundwort	No	Yes
Stellaria graminea	Lesser Stitchwort	No	Yes
Taxus baccata	Yew	No	Yes
Trifolium medium	Zigzag Clover	No	Yes
Urtica dioica	Stinging Nettle	No	Yes
*Names checked against **Stace, C.** (1997) *'New Flora of the British Isles: 2nd Edition.'* Cambridge University Press.			

Appendix 2e: Vascular Plant Recording Form 5	
Site: Southampton Old Cemetery	Parish: Southampton
Plot Number: 23	OS Grid Reference of Plot: SU 4125 1393
Plot Area: 0.1457 hectares	Month of Cut: September
Date(s) of NVC Survey: 28.8.10 & 23.3.11	Date of Full Species (FS) Survey: 6.9.10
A = No. of Species in NVC Survey: 38	B = No. of Additional Species: 23
C = Total Species = A + B: 61	% Species picked up on NVC = A/C x100%: 62.3%
List of Species Recorded	

Taxon*	Species	Recorded in NVC Survey	Additional Species in FS Survey
Acer pseudoplatanus	Sycamore		
Aegopodium podagraria	Ground-elder	Yes	
Agrostis sp.	Bent-grass sp.	Yes	
Anthrisus sylvestris	Cow Parsley	Yes	
Arrhenatherum elatius	False-oat Grass	Yes	
Arum maculatum	Wild Arum	Yes	
Cardamine flexuosa	Wavy Bittercress	Yes	
Conopodium majus	Pignut	Yes	
Dactylis glomerata	Cock's-foot Grass	Yes	
Festuca rubra agg.	Red Fescue	Yes	
Galium aparine	Goosegrass	Yes	
Geranium robertianum	Herb Robert	Yes	
Geum urbanum	Wood Avens	Yes	
Hedera helix	Ivy	Yes	
Heracleum sphondylium	Hogweed	Yes	
Holcus lanatus	Yorkshire Fog	Yes	
Hyacinthoides non-scripta	Native Bluebell	Yes	
Ilex aquilifolium	Holly	Yes	
Leucanthemum vulgare	Ox-eye Daisy	Yes	
Narcissus sp.	Daffodil sp.	Yes	
Potentilla reptans	Creeping Cinquefoil	Yes	
Potentilla sterilis	Barren Strawberry	Yes	
Primula vulgaris	Primrose	Yes	
Prunus laurocerasus	Cherry Laurel	Yes	
Quercus robur	Pedunculate Oak	Yes	
Ranunculus ficaria	Lesser Celandine	Yes	
Rubus fruticosus agg.	Bramble	Yes	
Rubus idaeus	Raspberry	Yes	
Rumex sanguineus	Red-veined Dock	Yes	
Senecio jacobaea	Common Ragwort	Yes	
Stachys sylvatica	Hedge Woundwort	Yes	
Stellaria holostea	Greater Stitchwort	Yes	
Taraxacum officinale agg.	Dandelion	Yes	
Taxus baccata	Yew	Yes	
Urtica dioica	Stinging Nettle	Yes	
Veronica chamaedrys	Bird's-eye Speedwell	Yes	
Viburnum tinus	Lauristinus	Yes	
Viola riviniana	Common Dog Violet	Yes	
Achillea millefolium	Yarrow	No	Yes
Carex divulsa	Grey Sedge	No	Yes
Centaurea nigra	Common Knapweed	No	Yes
Chamerion angustifolium	Rosebay	No	Yes
Fagus sylvatica	Beech	No	Yes
Fragaria vesca	Wild Strawberry	No	Yes
Fraxinus excelsior	Ash	No	Yes
Hieraceum sp.	Hawkweed sp.	No	Yes
Lapsana communis	Nipplewort	No	Yes
Lathyrus pratensis	Meadow Vetchling	No	Yes
Malva sylvestris	Common Mallow	No	Yes
Pimpinella saxifraga	Burnet-saxifrage	No	Yes
Plantago lanceolata	Ribwort Plantain	No	Yes
Plantago major	Greater Plantain	No	Yes
Prunus spinosa	Blackthorn	No	Yes
Rhododendron ponticum	Rhododendron	No	Yes
Rosa canina agg.	Dog Rose	No	Yes
Rumex acetosa	Common Sorrel	No	Yes
Sambucus nigra	Elder	No	Yes
Schrophularia nodosa	Common Figwort	No	Yes
Solanum dulcamara	Bittersweet	No	Yes
Sorbus aucuparia	Rowan	No	Yes
Trifolium pratense	Red Clover	No	Yes

*Names checked against Stace, C. (1997) *'New Flora of the British Isles: 2nd Edition.'* Cambridge University Press.

Appendix 2f: Vascular Plant Recording Form 6			
Site: Southampton Old Cemetery		Parish: Southampton	
Plot Number: 28		OS Grid Reference of Plot: SU 4138 1390	
Plot Area: 0.2239 hectares		Month of Cut: June	
Date(s) of NVC Survey: 24.8.10 & 24.3.11		Date of Full Species (FS) Survey: 6.9.10	
A = No. of Species in NVC Survey: 29		B = No. of Additional Species: 30	
C = Total Species = A + B: 59		% Species picked up on NVC = A/C x100%: 49.2%	
List of Species Recorded			
Taxon*	**Species**	**Recorded in NVC Survey**	**Additional Species in FS Survey**
Achillea millefolium	Yarrow		
Agrostis sp.	Bent-grass sp.	Yes	
Allium vineale	Crow Garlic	Yes	
Anthoxanthum odoratum	Sweet Vernal Grass	Yes	
Arrhenatherum elatius	False-oat Grass	Yes	
Centaurea nigra	Common Knapweed	Yes	
Conopodium majus	Pignut	Yes	
Dactylis glomerata	Cock's-foot Grass	Yes	
Festuca rubra agg.	Red Fescue	Yes	
Fraxinus excelsior	Ash	Yes	
Geum urbanum	Wood Avens	Yes	
Hedera helix	Ivy	Yes	
Heracleum sphondylium	Hogweed	Yes	
Holcus lanatus	Yorkshire Fog	Yes	
Hyacinthoides non-scripta	Native Bluebell	Yes	
Ilex aquilifolium	Holly	Yes	
Lathyrus pratensis	Meadow Vetchling	Yes	
Luzula campestris	Field Woodrush	Yes	
Quercus ilex	Holm Oak	Yes	
Quercus robur	Pedunculate Oak	Yes	
Rosa canina agg.	Dog Rose	Yes	
Rubus fruticosus agg.	Bramble	Yes	
Rumex acetosa	Common Sorrel	Yes	
Rumex acetosella	Sheep's Sorrel	Yes	
Salix caprea	Goat Willow	Yes	
Solanum dulcamara	Bittersweet	Yes	
Stachys officinalis	Betony	Yes	
Stellaria graminea	Lesser Stitchwort	Yes	
Taraxacum officinale agg.	Dandelion	Yes	
Campanula rotundifolia	Harebell	No	Yes
Cotoneaster simonsii		No	Yes
Crataegus monogyna	Hawthorn	No	Yes
Galium saxatile	Heath Bedstraw	No	Yes
Geranium robertianum	Herb Robert	No	Yes
Hypochaeris radicata	Common Cat's-ear	No	Yes
Lathyrus latifolius	Broad-leaved Everlasting Pea	No	Yes
Leucanthemum vulgare	Ox-eye Daisy	No	Yes
Pilosella officinarum	Mouse-ear Hawkweed	No	Yes
Pimpinella saxifraga	Burnet-saxifrage	No	Yes
Plantago lanceolata	Ribwort Plantain	No	Yes
Plantago major	Greater Plantain	No	Yes
Potentilla reptans	Creeping Cinquefoil	No	Yes
Potentilla sterilis	Barren Strawberry	No	Yes
Primula vulgaris	Primrose	No	Yes
Pulicaria dysenterica	Common Fleabane	No	Yes
Quercus cerris	Turkey Oak	No	Yes
Robinia pseudoacacia	False Acacia	No	Yes
Rumex obtusifolius	Broad-leaved Dock	No	Yes
Sambucus nigra	Elder	No	Yes
Sonchus oleraceus	Smooth Sow-thistle	No	Yes
Succisa pratensis	Devil's-bit Scabious	No	Yes
Teucrium scorodonia	Wood Sage	No	Yes
Ulex minor	Dwarf Gorse	No	Yes
Urtica dioica	Stinging Nettle	No	Yes
Veronica chamaedrys	Bird's-eye Speedwell	No	Yes
Veronica serpyllifolia	Thyme-leaved Speedwell	No	Yes
Vicia cracca	Tufted Vetch	No	Yes
Viola riviniana	Common Dog Violet	No	Yes

*Names checked against **Stace, C.** (1997) *'New Flora of the British Isles: 2nd Edition.'* Cambridge University Press.

Appendix 2g: Vascular Plant Recording Form 7			
Site: Southampton Old Cemetery		Parish: Southampton	
Plot Number: 32		OS Grid Reference of Plot: SU 4147 1382	
Plot Area: 0.3390 hectares		Month of Cut: June	
Date(s) of NVC Survey: 24.8.10 & 24.3.11		Date of Full Species (FS) Survey: 6.9.10	
A = No. of Species in NVC Survey: 34		B = No. of Additional Species: 33	
C = Total Species = A + B: 67		% Species picked up on NVC = A/C x100%: 50.7%	
List of Species Recorded			
Taxon*	**Species**	**Recorded in NVC Survey**	**Additional Species in FS Survey**
Achillea millefolium	Yarrow		
Agrostis curtisii	Bristle Bent-grass	Yes	
Arrhenatherum elatius	False-oat Grass	Yes	
Calluna vulgaris	Common Heather	Yes	
Conopodium majus	Pignut	Yes	
Dactylis glomerata	Cock's-foot Grass	Yes	
Elytrigia repens	Common Couch-grass	Yes	
Erica cinerea	Bell Heather	Yes	
Festuca rubra agg.	Red Fescue	Yes	
Galium saxatile	Heath Bedstraw	Yes	
Geum urbanum	Wood Avens	Yes	
Hedera helix	Ivy	Yes	
Hieraceum sp.	Hawkweed sp.	Yes	
Holcus lanatus	Yorkshire Fog	Yes	
Hypochaeris radicata	Common Cat's-ear	Yes	
Ilex aquilifolium	Holly	Yes	
Lathyrus pratensis	Meadow Vetchling	Yes	
Leucanthemum vulgare	Ox-eye Daisy	Yes	
Luzula campestris	Field Woodrush	Yes	
Pilosella officinarum	Mouse-ear Hawkweed	Yes	
Pimpinella saxifraga	Burnet-saxifrage	Yes	
Plantago lanceolata	Ribwort Plantain	Yes	
Primula vulgaris	Primrose	Yes	
Quercus robur	Pedunculate Oak	Yes	
Rosa canina agg.	Dog Rose	Yes	
Rubus fruticosus agg.	Bramble	Yes	
Rumex acetosella	Sheep's Sorrel	Yes	
Spiraea japonica		Yes	
Stellaria graminea	Lesser Stitchwort	Yes	
Teucrium scorodonia	Wood Sage	Yes	
Ulex europaeus	Common Gorse	Yes	
Ulex minor	Dwarf Gorse	Yes	
Veronica chamaedrys	Bird's-eye Speedwell	Yes	
Viola riviniana	Common Dog Violet	Yes	
Acer pseudoplatanus	Sycamore	No	Yes
Anthrisus sylvestris	Cow Parsley	No	Yes
Campanula rotundifolia	Harebell	No	Yes
Centaurea nigra	Common Knapweed	No	Yes
Cotoneaster simonsii		No	Yes
Crataegus monogyna	Hawthorn	No	Yes
Crepis capillaris	Smooth Hawk's-beard	No	Yes
Epilobium montanum	Broad-leaved Willowherb	No	Yes
Galium verum	Lady's Bedstraw	No	Yes
Geranium robertianum	Herb Robert	No	Yes
Heracleum sphondylium	Hogweed	No	Yes
Hypericum perforatum	Common St John's-Wort	No	Yes
Iris foetidissima	Stinking Iris	No	Yes
Lolium perenne	Perennial Rye Grass	No	Yes
Lotus corniculatus	Bird's-foot Trefoil	No	Yes
Primula veris	Cowslip	No	Yes
Prunus avium	Wild Cherry	No	Yes
Quercus ilex	Holm Oak	No	Yes
Ranunculus bulbosus	Bulbous Buttercup	No	Yes
Rosa micrantha	Small-flowered Sweetbriar	No	Yes
Rumex obtusifolius	Broad-leaved Dock	No	Yes
Sambucus nigra	Elder	No	Yes
Senecio jacobaea	Common Ragwort	No	Yes

Sorbus aucuparia	Rowan	No	Yes
Stachys sylvatica	Hedge Woundwort	No	Yes
Succisa pratensis	Devil's-bit Scabious	No	Yes
Taraxacum officinale agg.	Dandelion	No	Yes
Trifolium pratense	Red Clover	No	Yes
Trifolium repens	White Clover	No	Yes
Urtica dioica	Stinging Nettle	No	Yes
Veronica officinalis	Heath Speedwell	No	Yes
Viburnum tinus	Lauristinus	No	Yes
Vicia cracca	Tufted Vetch	No	Yes
*Names checked against **Stace, C.** (1997) *'New Flora of the British Isles: 2nd Edition.'* Cambridge University Press.			

Appendix 2h: Vascular Plant Recording Form 8			
Site: Southampton Old Cemetery		Parish: Southampton	
Plot Number: 39		OS Grid Reference of Plot: SU 4137 1372	
Plot Area: 0.2659 hectares		Month of Cut: June	
Date(s) of NVC Survey: 31.8.10 & 24.3.11		Date of Full Species (FS) Survey: 6.9.10	
A = No. of Species in NVC Survey: 39		B = No. of Additional Species: 23	
C = Total Species = A + B: 62		% Species picked up on NVC = A/C x100%: 62.9%	
List of Species Recorded			
Taxon*	**Species**	**Recorded in NVC Survey**	**Additional Species in FS Survey**
Achillea millefolium	Yarrow		
Agrostis sp.	Bent-grass sp.	Yes	
Anthoxanthum odoratum	Sweet Vernal Grass	Yes	
Arrhenatherum elatius	False-oat Grass	Yes	
Bromus hordeaceus	Soft Brome	Yes	
Calystegia sepium	Hedge Bindweed	Yes	
Carex hirta	Hairy Sedge	Yes	
Conopodium majus	Pignut	Yes	
Crataegus monogyna	Hawthorn	Yes	
Dactylis glomerata	Cock's-foot Grass	Yes	
Festuca rubra agg.	Red Fescue	Yes	
Fraxinus excelsior	Ash	Yes	
Geum urbanum	Wood Avens	Yes	
Hedera helix	Ivy	Yes	
Holcus lanatus	Yorkshire Fog	Yes	
Leucanthemum vulgare	Ox-eye Daisy	Yes	
Lotus corniculatus	Bird's-foot Trefoil	Yes	
Luzula campestris	Field Woodrush	Yes	
Narcissus pseudonarcissus	Wild Daffodil	Yes	
Pilosella officinarum	Mouse-ear Hawkweed	Yes	
Plantago lanceolata	Ribwort Plantain	Yes	
Poa pratensis	Smooth Meadow Grass	Yes	
Potentilla reptans	Creeping Cinquefoil	Yes	
Potentilla sterilis	Barren Strawberry	Yes	
Quercus ilex	Holm Oak	Yes	
Rosa canina agg.	Dog Rose	Yes	
Rubus fruticosus agg.	Bramble	Yes	
Rubus idaeus	Raspberry	Yes	
Rumex acetosa	Common Sorrel	Yes	
Sedum telepium	Orpine	Yes	
Solanum dulcamara	Bittersweet	Yes	
Stellaria graminea	Lesser Stitchwort	Yes	
Taraxacum officinale agg.	Dandelion	Yes	
Trifolium pratense	Red Clover	Yes	
Urtica dioica	Stinging Nettle	Yes	
Veronica chamaedrys	Bird's-eye Speedwell	Yes	
Vicia sativa ssp. nigra	Narrow-leaved Vetch	Yes	
Vicia tetrasperma	Smooth Tare	Yes	
Viola riviniana	Common Dog Violet	Yes	
Anthrisus sylvestris	Cow Parsley	No	Yes
Bellis perennis	Lawn Daisy	No	Yes
Cornus sanguineus	Dogwood	No	Yes
Dryopteris filix-mas	Male Fern	No	Yes
Epilobium montanum	Broad-leaved Willowherb	No	Yes
Galium verum	Lady's Bedstraw	No	Yes
Heracleum sphondylium	Hogweed	No	Yes
Ilex aquilifolium	Holly	No	Yes
Iris foetidissima	Stinking Iris	No	Yes
Lathyrus latifoliius	Broad-leaved Everlasting Pea	No	Yes
Lathyrus pratensis	Meadow Vetchling	No	Yes
Pimpinella saxifraga	Burnet-saxifrage	No	Yes
Plantago major	Greater Plantain	No	Yes
Primula vulgaris	Primrose	No	Yes
Quercus robur	Pedunculate Oak	No	Yes
Robinia pseudoacacia	False Acacia	No	Yes
Rumex acetosella	Sheep's Sorrel	No	Yes
Rumex obtusifolius	Broad-leaved Dock	No	Yes
Sambucus nigra	Elder	No	Yes
Sedum rupestre	Reflexed Stonecrop	No	Yes
Senecio jacobaea	Common Ragwort	No	Yes
Taxus baccata	Yew	No	Yes
*Names checked against **Stace, C.** (1997) *'New Flora of the British Isles: 2nd Edition.'* Cambridge University Press.			

Appendix 2i: Vascular Plant Recording Form 9			
Site: Southampton Old Cemetery		**Parish: Southampton**	
Plot Number: 40		**OS Grid Reference of Plot:** SU 4143 1370	
Plot Area: 0.2078 hectares		**Month of Cut:** September	
Date(s) of NVC Survey: 15.8.10 & 23.3.11		**Date of Full Species (FS) Survey:** 6.9.10	
A = No. of Species in NVC Survey: 35		**B = No. of Additional Species:** 23	
C = Total Species = A + B: 58		**% Species picked up on NVC = A/C x100%:** 60.3%	
List of Species Recorded			
Taxon*	**Species**	**Recorded in NVC Survey**	**Additional Species in FS Survey**
Acer pseudoplatanus	Sycamore		
Achillea millefolium	Yarrow	Yes	
Agrostis sp.	Bent-grass sp.	Yes	
Arrhenatherum elatius	False-oat Grass	Yes	
Arum maculatum	Wild Arum	Yes	
Briza media	Quaking Grass	Yes	
Centaurea nigra	Common Knapweed	Yes	
Conopodium majus	Pignut	Yes	
Dactylis glomerata	Cock's-foot Grass	Yes	
Elytrigia repens	Common Couch-grass	Yes	
Festuca rubra agg.	Red Fescue	Yes	
Fragaria vesca	Wild Strawberry	Yes	
Geum urbanum	Wood Avens	Yes	
Hedera helix	Ivy	Yes	
Holcus lanatus	Yorkshire Fog	Yes	
Hyacinthoides non-scripta	Native Bluebell	Yes	
Ilex aquilifolium	Holly	Yes	
Lathyrus pratensis	Meadow Vetchling	Yes	
Leucanthemum vulgare	Ox-eye Daisy	Yes	
Lotus corniculatus	Bird's-foot Trefoil	Yes	
Luzula campestris	Field Woodrush	Yes	
Pilosella officinarum	Mouse-ear Hawkweed	Yes	
Plantago lanceolata	Ribwort Plantain	Yes	
Poa pratensis	Smooth Meadow Grass	Yes	
Populus alba	White Poplar	Yes	
Potentilla sterilis	Barren Strawberry	Yes	
Quercus ilex	Holm Oak	Yes	
Quercus robur	Pedunculate Oak	Yes	
Rubus fruticosus agg.	Bramble	Yes	
Rumex acetosella	Sheep's Sorrel	Yes	
Stellaria graminea	Lesser Stitchwort	Yes	
Trisetum flavescens	Yellow Oat	Yes	
Veronica chamaedrys	Bird's-eye Speedwell	Yes	
Vicia sativa ssp. nigra	Narrow-leaved Vetch	Yes	
Viola riviniana	Common Dog Violet	Yes	
Brachypodium sylvaticum	Wood False-brome	No	Yes
Campanula rotundifolia	Harebell	No	Yes
Crepis capillaris	Smooth Hawk's-beard	No	Yes
Filipendula vulgaris	Dropwort	No	Yes
Galium saxatile	Heath Bedstraw	No	Yes
Galium verum	Lady's Bedstraw	No	Yes
Geranium sanguineum	Bloody Crane's-bill	No	Yes
Hieraceum sp.	Hawkweed sp.	No	Yes
Hypochaeris radicata	Common Cat's-ear	No	Yes
Leontodon hispidus	Greater Hawkbit	No	Yes
Linaria purpurea	Purple Toadflax	No	Yes
Pimpinella saxifraga	Burnet-saxifrage	No	Yes
Primula vulgaris	Primrose	No	Yes
Robinia pseudoacacia	False Acacia	No	Yes
Rosa canina agg.	Dog Rose	No	Yes
Rumex acetosa	Common Sorrel	No	Yes
Saxifraga hypnoides	Mossy Saxifrage	No	Yes
Senecio jacobaea	Common Ragwort	No	Yes
Sorbus aucuparia	Rowan	No	Yes
Taraxacum officinale agg.	Dandelion	No	Yes
Trifolium pratense	Red Clover	No	Yes
Trifolium repens	White Clover	No	Yes
Veronica officinalis	Heath Speedwell	No	Yes
*Names checked against **Stace, C.** (1997) *'New Flora of the British Isles: 2nd Edition.'* Cambridge University Press.			

Appendix 2j: Vascular Plant Recording Form 10			
Site: Southampton Old Cemetery		Parish: Southampton	
Plot Number: 45		OS Grid Reference of Plot: SU 4139 1364	
Plot Area: 0.0504 hectares		Month of Cut: June	
Date(s) of NVC Survey: 31.8.10 & 24.3.11		Date of Full Species (FS) Survey: 6.9.10	
A = No. of Species in NVC Survey: 31		B = No. of Additional Species: 13	
C = Total Species = A + B: 44		% Species picked up on NVC = A/C x100%: 70.4%	
List of Species Recorded			
Taxon*	**Species**	**Recorded in NVC**	**Additional Species in FS**
Agrostis sp.	Bent-grass sp.	Yes	
Arrhenatherum elatius	False-oat Grass	Yes	
Conopodium majus	Pignut	Yes	
Dactylis glomerata	Cock's-foot Grass	Yes	
Elytrigia repens	Common Couch-grass	Yes	
Epilobium montanum	Broad-leaved Willowherb	Yes	
Festuca rubra agg.	Red Fescue	Yes	
Fragaria vesca	Wild Strawberry	Yes	
Geranium robertianum	Herb Robert	Yes	
Geum urbanum	Wood Avens	Yes	
Hedera helix	Ivy	Yes	
Holcus lanatus	Yorkshire Fog	Yes	
Hyacinthoides non-scripta	Native Bluebell	Yes	
Lotus corniculatus	Bird's-foot Trefoil	Yes	
Pilosella officinarum	Mouse-ear Hawkweed	Yes	
Plantago lanceolata	Ribwort Plantain	Yes	
Potentilla reptans	Creeping Cinquefoil	Yes	
Potentilla sterilis	Barren Strawberry	Yes	
Primula veris	Cowslip	Yes	
Primula vulgaris	Primrose	Yes	
Quercus ilex	Holm Oak	Yes	
Quercus robur	Pedunculate Oak	Yes	
Ranunculus ficaria	Lesser Celandine	Yes	
Rubus fruticosus agg.	Bramble	Yes	
Sedum album	White Stonecrop	Yes	
Taraxacum officinale agg.	Dandelion	Yes	
Taxus baccata	Yew	Yes	
Trifolium repens	White Clover	Yes	
Veronica chamaedrys	Bird's-eye Speedwell	Yes	
Veronica officinalis	Heath Speedwell	Yes	
Viola riviniana	Common Dog Violet	Yes	
Achillea millefolium	Yarrow	No	Yes
Anthrisus sylvestris	Cow Parsley	No	Yes
Crataegus monogyna	Hawthorn	No	Yes
Crepis capillaris	Smooth Hawk's-beard	No	Yes
Fraxinus excelsior	Ash	No	Yes
Hieraceum sp.	Hawkweed sp.	No	Yes
Ligustrum vulgare	Common Privet	No	Yes
Lolium perenne	Perennial Rye Grass	No	Yes
Rosa canina agg.	Dog Rose	No	Yes
Rosa micrantha	Small-flowered Sweetbriar	No	Yes
Senecio jacobaea	Common Ragwort	No	Yes
Sorbus aucuparia	Rowan	No	Yes
Stachys officinalis	Betony	No	Yes
*Names checked against **Stace, C.** (1997) *'New Flora of the British Isles: 2nd Edition.'* Cambridge University Press.			

Appendix III: Tabelas florísticas para o levantamento NVC

Appendix 3a: Floristic Table 1		
Site Name: Southampton Old Cemetery	**Date(s):** 28.8.10 & 23.3.11	
% Bare Ground: 3.5%	**Plot Number:** 4	
Month of Cut: September		
Main Species Recorded*:	**Frequency Class**	**Domin Range**
Shrub Layer		
Hedera helix	II	2 to 10
Sambucus nigra	I	4 to 5
Rubus fruticosus agg.	I	3 to 4
Taxus baccata	I	4
Quercus robur	I	2
Ilex aquilifolium	I	1
Quercus cerris	I	1
Ground Layer (including grasses)		
Agrostis sp.	IV	5 to 10
Dactylis glomerata	IV	1 to 6
Equisetum arvense	III	3 to 7
Holcus lanatus	III	3 to 4
Conopodium majus	III	2 to 10
Heracleum sphondylium	III	1 to 4
Aegopodium podagraria	II	2 to 7
Primula vulgaris	II	2 to 4
Arum maculatum	II	1 to 5
Arrhenatherum elatius	I	8
Festuca rubra agg.	I	7 to 9
Urtica dioica	I	6
Lotus corniculatus	I	5
Veronica chamaedrys	I	4 to 5

***Excluding ground layer species with Frequency Class I and Domin Range > 5**

Appendix 3b: Floristic Table 2		
Site Name: Southampton Old Cemetery	**Date(s): 31.8.10 & 23.3.11**	
% Bare Ground: 5.1%	**Plot Number: 6**	
Month of Cut: June		
Main Species Recorded*:	**Frequency Class**	**Domin Range**
Shrub Layer		
Rubus fruticosus agg.	IV	4 to 10
Hedera helix	IV	1 to 9
Ilex aquilifolium	I	10
Taxus baccata	I	6 to 8
Rosa gallica	I	5
Sambucus nigra	I	4 to 5
Quercus ilex	I	3
Rubus idaeus	I	4
Quercus robur	I	1 to 4
Fraxinus excelsior	I	1
Viburnum tinus	I	1
Ground Layer (including grasses)		
Dactylis glomerata	IV	2 to 6
Hyacinthoides non-scripta	IV	1 to 6
Arum maculatum	IV	1 to 5
Arrhenatherum elatius	III	4 to 10
Ranunculus ficaria	III	1 to 8
Aegopodium podagraria	II	7
Primula vulgaris	II	2 to 5
Viola riviniana	II	1 to 4
Conopodium majus	II	1 to 2
Agrostis sp.	I	7 to 10
Geranium robertianum	I	4 to 5
Primula vulgaris	I	2 to 5

***Excluding ground layer species with Frequency Class I and Domin Range > 5**

Appendix 3c: Floristic Table 3		
Site Name: Southampton Old Cemetery	**Date(s): 28.8.10 & 23.3.11**	
% Bare Ground: 17.2%	**Plot Number: 12**	
Month of Cut: September		
Main Species Recorded*:	**Frequency Class**	**Domin Range**
Shrub Layer		
Hedera helix	IV	2 to 10
Sambucus nigra	III	2 to 5
Rubus fruticosus agg.	I	1 to 2
Acer pseudoplatanus	I	1
Rosa canina	I	1
Sambucus nigra	I	1
Taxus baccata	I	1
Ground Layer (including grasses)		
Agrostis sp.	III	7 to 8
Festuca rubra agg.	III	3 to 7
Holcus lanatus	III	3 to 6
Veronica chamaedrys	III	3 to 5
Geum urbanum	III	2 to 4
Conopodium majus	II	4 to 8
Urtica dioica	II	3 to 5
Heracleum sphondylium	II	3 to 4
Galium aparine	II	2 to 4
Geranium robertianum	II	1 to 4
Ranunculus ficaria	I	6
Stachys officinalis	I	6
Cirsium arvense	I	5
Arrhenatherum elatius	I	7 to 10
Hyacinthoides non-scripta	I	1 to 8
Dactylis glomerata	I	1 to 5
Aegopodium podagraria	I	1 to 5

***Excluding ground layer species with Frequency Class I and Domin Range > 5**

Appendix 3d: Floristic Table 4		
Site Name: Southampton Old Cemetery	Date(s): 24.8.10 & 23.3.11	
% Bare Ground: 5.5%	Plot Number: 19	
Month of Cut: September		
Main Species Recorded*:	**Frequency Class**	**Domin Range**
Shrub Layer		
Hedera helix	II	1 to 10
Rubus fruticosus agg.	I	5
Ulmus minor	I	1 to 5
Ilex aquilifolium	I	1
Ground Layer (including grasses)		
Conopodium majus	V	8 to 10
Agrostis sp.	IV	5 to 9
Arrhenatherum elatius	IV	3 to 10
Festuca rubra agg.	III	4 to 10
Holcus lanatus	III	1 to 6
Dactylis glomerata	II	3 to 10
Anthoxanthum odoratum	II	3 to 4
Galium aparine	II	2 to 4
Rumex acetosa	II	1 to 4
Stachys officinalis	I	9
Achillea millefolium	I	6
Aegopodium podagraria	I	3 to 5
Veronica chamaedrys	I	3 to 5

*Excluding ground layer species with Frequency Class I and Domin Range > 5

Appendix 3e: Floristic Table 5		
Site Name: Southampton Old Cemetery	Date(s): 28.8.10 & 23.3.11	
% Bare Ground: 11.7%	Plot Number: 23	
Month of Cut: September		
Main Species Recorded*:	**Frequency Class**	**Domin Range**
Shrub Layer		
Hedera helix	V	1 to 6
Acer pseudoplatanus	II	2 to 4
Rubus fruticosus agg.	I	2
Ilex aquilifolium	I	1
Prunus laurocerasus	I	1
Quercus robur	I	1
Rubus idaeus	I	1
Taxus baccata	I	1
Viburnum tinus	I	1
Ground Layer (including grasses)		
Arrhenatherum elatius	V	1 to 8
Dactylis glomerata	IV	3 to 7
Arum maculatum	III	2 to 5
Aegopodium podagraria	II	7 to 10
Geum urbanum	II	4 to 6
Primula vulgaris	II	3
Viola riviniana	II	1 to 10
Galium aparine	II	1 to 5
Conopodium majus	II	1 to 3
Agrostis sp.	I	6
Holcus lanatus	I	9
Festuca rubra agg.	I	6
Urtica dioica	I	5
Veronica chamaedrys	I	4 to 6
Potentilla reptans	I	5
Potentilla sterilis	I	3 to 5
Geranium robertianum	I	3 to 5

*Excluding ground layer species with Frequency Class I and Domin Range > 5

Appendix 3f: Floristic Table 6		
Site Name: Southampton Old Cemetery	Date(s): 24.8.10 & 24.3.11	
% Bare Ground: 2.1%	Plot Number: 28	
Month of Cut: June		
Main Species Recorded*:	Frequency Class	Domin Range
Shrub Layer		
Hedera helix	IV	1 to 6
Rubus fruticosus agg.	II	1 to 7
Rosa canina	I	5
Salix caprea	I	2
Quercus robur	I	1 to 2
Fraxinus excelsior	I	1
Ilex aquilifolium	I	1
Quercus ilex	I	1
Ground Layer (including grasses)		
Agrostis sp.	IV	5 to 9
Conopodium majus	IV	3 to 9
Dactylis glomerata	III	2 to 10
Festuca rubra agg.	II	9 to 10
Rumex acetosella	II	5 to 7
Arrhenatherum elatius	II	4 to 6
Holcus lanatus	II	3 to 10
Stellaria graminea	II	1 to 5
Luzula campestris	II	1 to 4
Heracleum sphondylium	II	1 to 3
Athoxanthum odoratum	I	6
Allium vineale	I	5
Hyacinthoides non-scripta	I	4 to 7
Solanum dulcamara	I	3 to 5

*Excluding ground layer species with Frequency Class I and Domin Range > 5

Appendix 3g: Floristic Table 7		
Site Name: Southampton Old Cemetery	Date(s): 24.8.10 & 24.3.11	
% Bare Ground: 1.4%	Plot Number: 32	
Month of Cut: June		
Main Species Recorded*:	Frequency Class	Domin Range
Shrub Layer		
Hedera helix	IV	3 to 10
Rubus fruticosus agg.	III	1 to 6
Erica cinerea	I	8
Calluna vulgaris	I	8
Ulex minor	I	6
Ulex europaeus	I	4
Rosa canina	I	2
Spiraea japonica	I	2
Ilex aquilifolium	I	2 to 3
Quercus robur	I	1 to 3
Ground Layer (including grasses)		
Festuca rubra agg.	IV	7 to 10
Agrostis sp.	III	4 to 7
Holcus lanatus	III	1 to 5
Teucrium scorodonia	II	6
Conopodium majus	II	2 to 9
Achillea millefolium	II	2 to 5
Pilosella officinarum	II	2 to 5
Dactylis glomerata	II	1 to 5
Rumex acetosella	II	1 to 5
Arrhenatherum elatius	I	5 to 6
Elytrigia repens	I	5
Luzula campestris	I	4 to 5
Galium saxatile	I	3 to 5
Leucanthemum vulgare	I	3 to 5

*Excluding ground layer species with Frequency Class I and Domin Range > 5

Appendix 3h: Floristic Table 8		
Site Name: Southampton Old Cemetery	**Date(s):** 31.8.10 & 24.3.11	
% Bare Ground: 3.1%	**Plot Number:** 39	
Month of Cut: June		
Main Species Recorded*:	**Frequency Class**	**Domin Range**
Shrub Layer		
Hedera helix	V	2 to 10
Rubus fruticosus agg.	II	1 to 9
Rubus idaeus	I	5
Fraxinus excelsior	I	4
Quercus ilex	I	3
Rosa canina	I	1 to 8
Crataegus monogyna	I	1
Ground Layer (including grasses)		
Arrhenatherum elatius	V	4 to 8
Dactylis glomerata	V	1 to 4
Vicia sativa subsp. nigra	III	3 to 4
Holcus lanatus	III	1 to 4
Festuca rubra agg.	II	5 to 10
Agrostis sp.	II	4 to 8
Lotus corniculatus	I	7
Poa pratensis	I	5
Stellaria graminea	I	5
Leucanthemum vulgare	I	5

***Excluding ground layer species with Frequency Class I and Domin Range > 5**

Appendix 3i: Floristic Table 9		
Site Name: Southampton Old Cemetery	**Date(s):** 15.8.10 & 24.3.11	
% Bare Ground: 4.9%	**Plot Number:** 40	
Month of Cut: September		
Main Species Recorded*:	**Frequency Class**	**Domin Range**
Shrub Layer		
Hedera helix	II	3 to 6
Quercus robur	II	1
Populus alba	I	3
Rubus fruticosus agg.	I	2
Acer pseudoplatanus	I	1
Ilex aquilifolium	I	1
Quercus ilex	I	1
Ground Layer (including grasses)		
Festuca rubra agg.	V	7 to 10
Holcus lanatus	V	1 to 4
Pilosella officinarum	III	3 to 7
Arrhenatherum elatius	III	3 to 6
Dactylis glomerata	III	1 to 4
Plantago lanceolata	III	1 to 4
Conopodium majus	II	4 to 9
Luzula campestris	II	2 to 4
Veronica chamaedrys	II	2 to 4
Hyacinthoides non-scripta	I	7
Lathyrus pratensis	I	5

***Excluding ground layer species with Frequency Class I and Domin Range > 5**

Appendix 3j: Floristic Table 10		
Site Name: Southampton Old Cemetery	**Date(s):** 31.8.10 & 24.3.11	
% Bare Ground: 2.1%	**Plot Number:** 45	
Month of Cut: June		
Main Species Recorded*:	**Frequency Class**	**Domin Range**
Shrub Layer		
Hedera helix	IV	2 to 10
Rubus fruticosus agg.	IV	4 to 10
Quercus robur	II	1 to 3
Ilex aquilifolium	I	1
Quercus ilex	I	1
Taxus baccata	I	1
Ground Layer (including grasses)		
Festuca rubra agg.	IV	4 to 9
Dactylis glomerata	IV	1 to 5
Agrostis sp.	III	6 to 9
Arrhenatherum elatius	III	3 to 5
Viola riviniana	III	2 to 6
Fragaria vesca	III	2 to 6
Planatago lanceolata	III	1 to 6
Holcus lanatus	III	1 to 4
Conopodium majus	II	1 to 6
Veronica chamaedrys	II	1 to 5
Veronica officinalis	II	1 to 5
Geranium robertianum	II	1 to 4
Taraxacum sp.	II	1 to 4
Potentilla reptans	I	10
Pilosella officinarum	I	6
Lotus corniculatus	I	5
Elytrigia repens	I	4 to 5
Geum urbanum	I	4 to 5
Hyacinthoides non-scripta	I	2 to 5

***Excluding ground layer species with Frequency Class I and Domin Range > 5**

Appendix IV: Análise do coeficiente de Spearman Rank para dados meteorológicos

Appendix 4a: Spearman Rank Coefficient Analysis of Total Insect Numbers against Temperature

Total Insect Numbers	130	222	209	277	172	145	98	35
Temperature (°C)	25	17	26	27	17	20	19	17

Spearman Rank Correlation Coefficient r_s

X-Variable	Rank of X	Y-Variable	Rank of Y	d	d²
Temperature					
17	1	35	1	0	0
17	2	172	5	-3	9
17	3	222	7	-4	16
19	4	98	2	2	4
20	5	145	4	1	1
25	6	130	3	3	9
26	7	209	6	1	1
27	8	277	8	0	0
				Σd = 0	Σd² = 40

r_s = 1 - [6 x 40/(8 x 8 x 8) - 8] = 1 - (240/504) = 1 - 0.476 = 0.524

r_s = 0.524 & n = 8. For n = 8 an r_s < 0.643 means correlation on insect numbers and temperature is not statistically significant

Appendix 4b: Spearman Rank Coefficient Analysis of Total Insect Numbers against % Sunshine

Total Insect Numbers	130	222	209	277	172	145	98	35
Sunshine (Percent)	100%	11%	78%	52%	2%	70%	67%	7%

Spearman Rank Correlation Coefficient r_s

X-Variable	Rank of X	Y-Variable	Rank of Y	d	d²
Sunshine					
2%	1	172	5	-4	16
7%	2	35	1	1	1
11%	3	222	7	-4	16
52%	4	277	8	-4	16
67%	5	98	2	3	9
70%	6	145	4	2	4
78%	7	209	6	1	1
100%	8	130	3	5	25
				Σd = 0	Σd² = 88

r_s = 1 - [6 x 88/(8 x 8 x 8) - 8] = 1 - (528/504) = 1 - 1.048 = -0.048

r_s = -0.048 & n = 8. For n = 8 an r_s < 0.643 means correlation on insect numbers and sunshine is not statistically significant

Appendix 4c: Spearman Rank Coefficient Analysis of Total Insect Numbers against Wind Direction

Total Insect Numbers	130	222	209	277	172	145	98	35
Wind Direction*	135	225	45	135	225	270	315	315

Spearman Rank Correlation Coefficient r_s

X-Variable	Rank of X	Y-Variable	Rank of Y	d	d^2
Wind Direction*					
45	1	209	3	-2	4
135	2	130	6	-4	16
135	3	277	1	2	4
225	4	222	2	2	4
225	5	189	4	1	1
270	6	145	5	1	1
315	7	98	7	0	0
315	8	35	8	0	0
				$\Sigma d = 0$	$\Sigma d^2 = 30$

$r_s = 1 - [\,6 \times 30/(8 \times 8 \times 8) - 8] = 1 - (180/504) = 1 - 0.357 = 0.643$

$r_s = 0.643$ & n = 8. For n = 8 an $r_s < 0.643$ means correlation on insect numbers and wind direction is marginally statistically significant

Note: $r_s = 0.643$ corresponds to a level of significance of 0.10 (Fowler, Cohen & Jarvis, 1998)

***Expressed as degrees corresponding compass direction, for example north = 0 degrees; east = 90 degrees; south = 180 degrees and west = 270 degrees.**

Appendix 4d: Spearman Rank Coefficient Analysis of Orthoptera Numbers against Temperature

Orthoptera Numbers	11	94	110	30	15	11	6	0
Temperature (°C)	25	17	26	27	17	20	19	17

Spearman Rank Correlation Coefficient r_s

X-Variable	Rank of X	Y-Variable	Rank of Y	d	d^2
Temperature					
17	1	94	7	-6	36
17	2	15	3	-1	1
17	3	0	1	2	4
19	4	6	2	2	4
20	5	11	4	1	1
25	6	11	5	1	1
26	7	110	8	-1	1
27	8	30	6	2	2
				$\Sigma d = 0$	$\Sigma d^2 = 50$

$r_s = 1 - [\,6 \times 50/(8 \times 8 \times 8) - 8] = 1 - (300/504) = 1 - 0.595 = 0.405$

$r_s = 0.405$ & n = 8. For n = 8 an $r_s < 0.643$ means correlation on Orthoptera numbers and temperature is not statistically significant

Appendix 4e: Spearman Rank Coefficient Analysis of Orthoptera Numbers against Wind Direction

Orthoptera Numbers	11	94	110	30	15	11	6	0
Wind Direction*	135	225	45	135	225	270	315	315

Spearman Rank Correlation Coefficient r_s

X-Variable	Rank of X	Y-Variable	Rank of Y	d	d²
Wind Direction*					
45	1	110	1	0	0
135	2	11	5	-3	9
135	3	30	3	0	0
225	4	94	2	2	4
225	5	15	4	1	1
270	6	11	6	0	0
315	7	6	7	0	0
315	8	0	0	0	0
				Σd = 0	Σd² = 14

r_s = 1 - [6 x 14/(8 x 8 x 8) - 8] = 1 - (84/504) = 1 - 0.167 = 0.833

r_s = 0.833 & n = 8. For n = 8 an r_s < 0.643 means correlation on Orthoptera numbers and wind direction is statistically significant

Note: r_s = 0.833 corresponds to a level of significance of 0.02 (Fowler, Cohen & Jarvis, 1998)

***Expressed as degrees corresponding compass direction, for example north = 0 degrees; east = 90 degrees; south = 180 degrees and west = 270 degrees.**

Appendix 4f: Spearman Rank Coefficient Analysis of Hemiptera Numbers against Temperature

Hemiptera Numbers	82	105	80	192	121	75	30	15
Temperature (°C)	25	17	26	27	17	20	19	17

Spearman Rank Correlation Coefficient r_s

X-Variable	Rank of X	Y-Variable	Rank of Y	d	d²
Temperature					
17	1	105	6	-5	25
17	2	121	7	-5	25
17	3	15	1	2	4
19	4	30	2	2	4
20	5	75	3	2	4
25	6	82	5	1	1
26	7	80	4	3	9
27	8	192	8	0	0
				Σd = 0	Σd² = 72

r_s = 1 - [6 x 72/(8 x 8 x 8) - 8] = 1 - (432/504) = 1 - 0.857 = 0.143

r_s = 0.143 & n = 8. For n = 8 an r_s < 0.643 means correlation on Hemiptera numbers and temperature is not statistically significant

Appendix 4g: Spearman Rank Coefficient Analysis of Hemiptera Numbers against Wind Direction

Hemiptera Numbers	82	105	80	192	121	75	30	15
Wind Direction*	135	225	45	135	225	270	315	315

Spearman Rank Correlation Coefficient r_s

X-Variable	Rank of X	Y-Variable	Rank of Y	d	d²
Wind Direction*					
45	1	80	5	-4	16
135	2	82	4	-2	4
135	3	192	1	2	4
225	4	105	3	1	1
225	5	121	2	3	9
270	6	75	6	0	0
315	7	30	7	0	0
315	8	15	8	0	0
				Σd = 0	Σd² = 34

r_s = 1 - [6 x 34/(8 x 8 x 8) - 8] = 1 - (204/504) = 1 - 0.405 = 0.595
r_s = 0.595 & n = 8. For n = 8 an r_s < 0.643 means correlation on Hemiptera numbers and wind direction is not statistically significant

***Expressed as degrees corresponding compass direction, for example north = 0 degrees; east = 90 degrees; south = 180 degrees and west = 270 degrees.**

Appendix 4h: Spearman Rank Coefficient Analysis of Coleoptera Numbers against Temperature

Coleoptera Numbers	37	23	19	55	36	59	62	20
Temperature (°C)	25	17	26	27	17	20	19	17

Spearman Rank Correlation Coefficient r_s

X-Variable	Rank of X	Y-Variable	Rank of Y	d	d²
Temperature					
17	1	23	3	-2	4
17	2	36	4	-2	4
17	3	20	2	1	1
19	4	62	8	-4	16
20	5	59	7	-2	4
25	6	37	5	1	1
26	7	19	1	6	36
27	8	55	6	2	4
				Σd = 0	Σd² = 70

r_s = 1 - [6 x 70/(8 x 8 x 8) - 8] = 1 - (420/504) = 1 - 0.833 = 0.167
r_s = 0.167 & n = 8. For n = 8 an r_s < 0.643 means correlation on Coleoptera numbers and temperature is not statistically significant

Appendix 4i: Spearman Rank Coefficient Analysis of Coleoptera Numbers against Wind Direction

Coleoptera Numbers	37	23	19	55	36	59	62	20
Wind Direction*	135	225	45	135	225	270	315	315

Spearman Rank Correlation Coefficient r_s

X-Variable	Rank of X	Y-Variable	Rank of Y	d	d^2
Wind Direction*					
45	1	19	8	-7	49
135	2	37	4	-2	4
135	3	55	3	0	0
225	4	23	6	-2	4
225	5	36	5	0	0
270	6	59	2	4	16
315	7	62	1	6	36
315	8	20	7	1	1
				$\Sigma d = 0$	$\Sigma d^2 = 110$

$r_s = 1 - [\,6 \times 110/(8 \times 8 \times 8) - 8] = 1 - (660/504) = 1 - 1.310 = -0.310$

$r_s = -0.310$ & n = 8. For n = 8 an $r_s < 0.643$ means correlation on Coleoptera numbers and wind direction is not statistically significant

***Expressed as degrees corresponding compass direction, for example north = 0 degrees; east = 90 degrees; south = 180 degrees and west = 270 degrees.**

Appendix V: Fotografias das parcelas selecionadas

Lote 4 em março de 2011 (Phil Budd)

Lote 6 em março de 2011 (Phil Budd)

Lote 12 em março de 2011 (Phil Budd)

Lote 19 em março de 2011 (Phil Budd)

Lote 23 em março de 2011 (Phil Budd)

Lote 28 em março de 2011 (Phil Budd)

Lote 32 em março de 2011 (Phil Budd)

Lote 39 em março de 2011 (Phil Budd)

Lote 40 em março de 2011 (Phil Budd)

Lote 45 em março de 2011 (Phil Budd)

MIX
Papier aus verantwortungsvollen Quellen
Paper from responsible sources
FSC® C105338

Printed by Books on Demand GmbH, Norderstedt / Germany